建设行业专业人员快速上岗 100 问丛书

手把手教你当好机械员

王文睿　主　编

魏久平　赵占雄　胡　静　副主编
曹晓婧　雷济时　马振宇

何耀森　主　审

U0297730

中国建筑工业出版社

图书在版编目（CIP）数据

手把手教你当好机械员/王文睿主编. —北京：中国
建筑工业出版社，2014.12
（建设行业专业人员快速上岗100问丛书）
ISBN 978-7-112-17577-2

Ⅰ.①手… Ⅱ.①王… Ⅲ.①建筑机械-问题解答
Ⅳ.①TU6-44

中国版本图书馆CIP数据核字（2014）第290217号

建设行业专业人员快速上岗100问丛书
手把手教你当好机械员

王文睿　主　编
魏久平　赵占雄　胡　静
曹晓婧　雷济时　马振宇　副主编
何耀森　主　审

*

中国建筑工业出版社出版、发行（北京西郊百万庄）
各地新华书店、建筑书店经销
北京科地亚盟排版公司制版
北京云浩印刷有限责任公司印刷

*

开本：850×1168毫米　1/32　印张：8　字数：213千字
2015年5月第一版　　2015年5月第一次印刷
定价：**22.00**元
ISBN 978-7-112-17577-2
（26796）

本书是"建设行业专业人员快速上岗100问丛书"之一。主要根据《建筑与市政工程施工现场专业人员职业标准》JGJ/T 250—2011编写。全书包括通用知识、基础知识、岗位知识、专业技能共四章25节，内容涉及机械员工作中所需掌握的知识点和专业技能。

为了方便读者的学习与理解，全书采用一问一答的形式，对书中内容进行分解，共列出209道问题，逐一进行阐述，针对性和参考性强。

本书可供建筑企业机械员、建设单位工程项目管理人员、监理单位工程监理人员使用，也可作为基层施工管理人员学习的参考。

责任编辑：范业庶　王砾瑶　万　李
责任设计：董建平
责任校对：陈晶晶　刘　钰

出 版 说 明

随着科学技术的日新月异和经济建设的高速发展，中国已成为世界最大的建设市场。近几年建设投资规模增长迅速，工程建设随处可见。

建设行业专业人员（各专业施工员、质量员、预算员，以及安全员、测量员、材料员等）作为施工现场的技术骨干，其业务水平和管理水平的高低，直接影响着工程建设项目能否有序、高效、高质量地完成。这些技术管理人员中，业务水平参差不齐，有不少是由其他岗位调职过来以及刚跨入这一行业的应届毕业生，他们迫切需要学习、培训，或是能有一些像工地老师傅般手把手实物教学的学习资料和读物。

为了满足广大建设行业专业人员入职上岗学习和培训需要，我们特组织有关专家编写了本套丛书。丛书涵盖建设行业施工现场各个专业，以国家及行业有关职业标准的要求和规定进行编写，按照一问一答的形式对专业人员的工作职责、应该掌握的专业知识、应会的专业技能、对实际工作中常见问题的处理等进行讲解，注重系统性、知识性，尤其注重实用性、指导性。在编写内容上严格遵照最新颁布的国家技术规范和行业技术规范。希望本套丛书能够帮助建设行业专业人员快速掌握专业知识，从容应对工作中的疑难问题。同时也真诚地希望各位读者对书中不足之处提出批评指正，以便我们进一步改进和完善。

中国建筑工业出版社

2015 年 2 月

前　言

本书为"建设行业专业人员快速上岗100问丛书"之一，主要为机械员实际工作需要编写。本书主要内容包括通用知识、基础知识、岗位知识、专业技能共四章25节，总共209道问答题，囊括了机械员实际工作中可能遇到和需要掌握的绝大部分知识点和所需技能。本书为了便于机械员及其他基层项目管理者学习和使用，坚持做到理论联系实际，以通俗易懂、全面受用的原则，在内容选择上注重基础知识和常用知识的阐述，对机械员在工程施工过程中可能遇到的常见问题，采用了一问一答的方式进行了简明扼要的回答。

本书将机械员的职业要求、通用知识和专业技能等有机地融为一体，尽可能做到通俗易懂，简明扼要，一目了然。本书涉及的相关专业知识均按2010年以来修订的新规范编写。

本书可供机械员及其他相关基层管理人员、建设单位项目管理人员、工程监理单位技术人员使用，也可作为机械员学习建筑设备安装工程施工技术和项目管理基本知识的参考。

本书由王文睿主编，魏久平、赵占雄、胡静、曹晓婧、雷济时、马振宇等担任副主编，何耀森主审。由于我们理论水平有限，本书中存在的不足和缺漏在所难免，敬请广大机械员、施工管理人员及专家学者批评指正，以便帮助我们提高工作水平，更好地服务广大机械员和项目管理工作者。

编者

2015 年 2 月

目　录

第一章　通　用　知　识

第一节　相关法律法规知识

第二节　工程材料的基本知识

第三节 施工图识读、绘制的基本知识

第四节 工程施工工艺和方法

第五节 熟悉工程项目管理的基本知识

第二章 基础知识

第一节 土建施工相关的力学知识

第二节 工程预算的基本知识

第三节　机械识图和制图的基本知识

第四节　施工机械设备的工作原理、类型、构造及技术性能

第三章　岗 位 知 识

第一节　机械管理相关的管理规定和标准

14

第四章　专业技能

第一节　编制施工机械设备管理计划

第二节　参与施工机械设备的选型和配置

第三节　参与特种设备安装、拆卸工作的安全监督检查

第四节　参与组织特种设备安全技术交底

第九节　进行施工机械设备成本核算

第十节　编制、收集、整理施工机械设备资料

第一章　通用知识

第一节　相关法律法规知识

1. 从事建筑活动的施工企业应具备哪些条件?

答：根据《中华人民共和国建筑法》的规定，从事建筑活动的施工企业应具备以下条件：

（1）具有符合国家规定的注册资本；

（2）有与其从事的建筑活动相适应的具有法定执业资格的专业技术人员；

（3）有从事相关建筑活动所应有的技术装备；

（4）法律、行政法规规定的其他条件。

2. 从事建筑活动的施工企业从业的基本要求是什么?《建筑法》对从事建筑活动的技术人员有什么要求?

答：根据《中华人民共和国建筑法》的规定，从事建筑活动的施工企业应满足下列要求：从事建筑活动的施工企业，按照其拥有的注册资本、专业技术人员、技术装备和已完成的建筑工程业绩等资质条件，划分为不同的资质等级，经资质审查合格，取得相应等级的资质证书后，方可在其资质等级许可的范围内从事建筑活动。

《建筑法》对从事建筑活动的技术人员的要求是：从事建筑活动的专业技术人员，应依法取得相应的执业资格证书，并在执业资格许可证的范围内从事建筑活动。

3. 建筑工程安全生产管理必须坚持的方针和制度各是什么? 建筑施工企业怎样采取措施确保施工工程的安全?

答：根据《中华人民共和国建筑法》的规定，从事建筑活动的施工企业建筑工程安全生产管理必须坚持安全第一、预防为主的方针，必须建立健全安全生产的责任制和群防群治制度。

建筑施工企业在编制施工组织设计时，应当根据建筑工程的特点制定相应的安全技术措施；对专业性较强的工程建设项目，应当编制专项安全施工组织设计，并采取安全技术措施。

建筑施工企业应当在施工现场采取维护安全、防范危险、预防火灾等措施；有条件的，应当对施工现场进行封闭管理。

施工现场对毗邻的建筑物、构筑物和特殊作用环境可能造成损害的，应当采取安全防护措施。

4. 建设工程施工现场安全生产的责任主体属于哪一方？安全生产责任怎样划分？

答：建设工程施工现场安全生产的责任主体是建筑施工企业。实行施工总承包的，总承包单位为安全生产主体，施工现场的安全责任由其负责。分包单位向总承包单位负责，服从总承包单位对施工现场的安全生产管理。

5. 建设工程施工质量应符合哪些常用工程质量标准的要求？

答：建设工程施工质量应在遵守《建筑法》中对建筑工程质量管理的规定，以及《建设工程质量管理条例》的前提下，符合相关工程建设的设计规范、施工验收规范中的具体规定和《建设工程施工合同（示范文本）》约定的相关规定，同时对于地域特色、行业特色明显的建设工程项目还应遵守地方政府建设行政管理部门和行业管理部门制定的地方和行业规程和标准。

6. 建筑工程施工质量管理责任主体属于哪一方？施工企业应如何对施工质量负责？

答：《建设工程质量管理条例》明确规定，建筑工程施工质量管理责任主体为施工单位。施工单位应当建立质量责任制，确定工程项目的项目经理、技术负责人和施工管理负责人。建设工程实行总承包的，总承包单位应当对全部建设工程质量负责。总承包单位依法将建设工程分包给其他单位的，分包单位应当按照分包合同的规定对其分包工程的质量向总承包单位负责，总承包单位与分包单位对分包工程的质量承担连带责任。施工单位必须按照工程设计图纸和技术标准施工，不得擅自修改工程设计，不得偷工减料。施工单位在施工过程中发现设计文件和图纸有差错的，应当及时提出意见和建议。施工单位必须按照工程设计要求，施工技术标准和合同约定，对建筑材料、建筑构配件、设备和商品混凝土进行检验，检验应当有书面记录和专业人员签字；未经检验或检验不合格的，不得使用。施工单位必须建立、健全施工质量的检验制度，严格工序管理，做好隐蔽工程的质量检查和记录。隐蔽工程在隐蔽前，施工单位应当通知建设单位和建设工程质量监督机构。施工人员对涉及结构安全的试块、试件以及有关材料，应当在建设单位或者工程监理单位监督下现场取样，并送具有相应资质等级的质量检测单位进行检测。施工单位对施工中出现质量问题的建设工程或者竣工验收不合格的工程，应当负责返修。施工单位应当建立、健全教育培训制度，加强对职工的教育培训；未经教育培训或者考核不合格的人员不得上岗。

7. 建筑施工企业怎样采取措施保证施工工程的质量符合国家规范和工程的要求？

答：严格执行《建筑法》和《建设工程质量管理条例》中对工程质量的相关规定和要求，采取相应措施确保工程质量。做到在资质等级许可的范围内承揽工程；不转包或者违法分包工程。建立质量责任制，确定工程项目的项目经理、技术负责人和施工管理负责人。实行总承包的建设工程由总承包单位对全部建设工程质量负责，分包单位按照分包合同的约定对其分包工程的质量负责。做到按图纸和技术标准施工；不擅自修改工程设计，不偷工减料；对施工过程中出现的质量问题或竣工验收不合格的工程项目，负责返修。准确全面理解工程项目相关设计规范和施工验收规范的规定、地方和行业法规和标准的规定；施工过程中完善工序管理，实行事先、事中管理，尽量减少事后管理，避免和杜绝返工，加强隐蔽工程验收，杜绝质量事故隐患；加强交底工作，督促作业人员工作目标明确、责任和义务清楚；对关键和特殊工艺、技术和工序要做好培训和上岗管理；对影响质量的技术和工艺要采取有效措施进行把关。建立健全企业内部质量管理体系，施工单位必须建立、健全施工质量的检验制度，严格工序管理，做好隐蔽工程的质量检查和记录；做到严格并在实施中做到使施工质量不低于上述规范、规程和标准的规定；按照保修书约定的工程保修范围、保修期限和保修责任等履行保修责任，确保工程质量在合同规定的期限内满足工程建设单位的使用要求。

8.《安全生产法》对施工及生产企业应具备安全生产条件的资金投入有什么要求？

答：施工单位应当具备的安全生产条件所必需的资金投入，由生产经营单位的决策机构、主要负责人或者个人经营的投资人予以保证，并对由于安全生产所必需的资金投入不足导致的后果承担责任。

建筑施工单位新建、改建、扩建工程项目（以下统称建设项目）的安全设施，必须与主体工程同时设计、同时施工、同时投入生产和使用。安全设施投资应当纳入建设项目概算。

9.《安全生产法》对施工生产企业安全生产管理人员的配备有哪些要求？

答：建筑施工单位应当设置安全生产管理机构或者配备专职安全生产管理人员。从业人员超过三百人的，应当设置安全生产管理机构或者配备专职安全生产管理人员；从业人员在三百人以下的，应当配备专职或者兼职的安全生产管理人员，或者委托具有国家规定的相关专业技术资格的工程技术人员提供安全生产管理服务。建筑施工单位依照前款规定委托工程技术人员提供安全生产管理服务的，保证安全生产的责任仍由本单位负责。施工单位的主要负责人和安全生产管理人员必须具备与本单位所从事的生产经营活动相应的安全生产知识和管理能力。建筑施工单位的主要负责人和安全生产管理人员，应当由有关主管部门对其安全生产知识和管理能力考核合格后方可任职。

10. 为什么施工企业应对从业人员进行安全生产教育和培训？安全生产教育和培训包括哪些方面的内容？

答：施工单位对从业人员进行安全生产教育和培训，是为了保证从业人员具备必要的安全生产知识，能够熟悉有关的安全生产规章制度和安全操作规程，更好地掌握本岗位的安全操作技能。同时为了确保施工质量和安全生产，规定未经安全生产教育和培训合格的从业人员，不得上岗作业。

安全生产教育和培训的内容为日常安全生产常识的培训，包括安全用电、安全用气、安全使用施工机具车辆、多层和高层建筑高空作业安全培训、冬期防火培训、雨期防洪防雹培训、人身安全培训、环境安全培训等；在施工活动中采用新工艺、新技术、新材料或者使用新设备时，为了让从业人员了解、掌握其安全技术特性，并采取有效的安全防护措施，并对从业人员进行专门的安全生产教育和培训。施工中有特种作业时，对特种作业人员必须按照国家有关规定经专门的安全作业培训，在其取得特种作业操作资格证书后，方可允许上岗作业。

11. 《安全生产法》对建设项目安全设施和设备作了什么规定？

答：建设项目安全设施的设计人、设计单位应当对安全设施设计负责。矿山建设项目和用于生产、储存危险物品的建设项目的安全设施设计应当按照国家有关规定报经有关部门审查，审查部门及其负责审查的人员对审查结果负责。

矿山建设项目和用于生产、储存危险物品的建设项目的施工单位必须按照批准的安全设施设计施工，并对安全设施的工程质量负责。矿山建设项目和用于生产、储存危险物品的建设项目竣工投入生产或者使用前，必须依照有关法律、行政法规的规定对安全设施进行验收；验收合格后，方可投入生产和使用。验收部门及其验收人员对验收结果负责。施工和经营单位应当在有较大危险因素的生产经营场所和有关设施、设备上，设置明显的安全警示标志。安全设备的设计、制造、安装、使用、检测、维修、改造和报废，应当符合国家标准或者行业标准。生产经营单位必须对安全设备进行经常性维护、保养，并定期检测，保证正常运转。维护、保养、检测应当做好记录，并由有关人员签字。

施工单位使用的涉及生命安全、危险性较大的特种设备，以及危险物品的容器、运输工具，必须按照国家有关规定，由专业生产单位生产，并经取得专业资质的检测、检验机构检测、检验合格，取得安全使用证或者安全标志，方可投入使用。检测、检验机构对检测、检验结果负责。国家对严重危及生产安全的工艺、设备实行淘汰制度。

🤔 12. 建筑工程施工企业从业人员劳动合同涉及人员安全的权利和义务各有哪些？

答：《中华人民共和国安全生产法》明确规定：施工单位与从业人员订立的劳动合同，应当载明有关保障从业人员劳动安全、防止职业危害的事项，以及依法为从业人员办理工伤社会保险的事项。施工单位不得以任何形式与从业人员订立协议，免除或者减轻其对从业人员因生产安全事故伤亡依法应承担的责任。施工单位的从业人员有权了解其作业场所和工作岗位存在的危险因素、防范措施及事故应急措施，有权对本单位的安全生产工作提出建议。从业人员有权对本单位安全生产工作中存在的问题提出批评、检举、控告；有权拒绝违章指挥和强令冒险作业。施工单位不得因从业人员对本单位安全生产工作提出批评、检举、控告或者拒绝违章指挥、强令冒险作业而降低其工资、福利等待遇或者解除与其订立的劳动合同。从业人员发现直接危及人身安全的紧急情况时，有权停止作业或者在采取可能的应急措施后撤离作业场所。

施工单位不得因从业人员在前述紧急情况下停止作业或者采取紧急撤离措施而降低其工资、福利等待遇或者解除与其订立的劳动合同。因生产安全事故受到损害的从业人员，除依法享有工伤社会保险外，依照有关民事法律尚有获得赔偿的权利的，有权向本单位提出赔偿要求。从业人员在作业过程中，应当严格遵守本单位的安全生产规章制度和操作规程，服从管理，正确佩戴和使用劳动防护用品。从业人员应当接受安全生产教育和培训，掌握本职工作所需的安全生产知识，提高安全生产技能，增强事故预防和应急处理能力。从业人员发现事故隐患或者其他不安全因素，应当立即向现场安全生产管理人员或者本单位负责人报告；接到报告的人员应当及时予以处理。

13. 建筑工程施工企业应怎样接受负有安全生产监督管理职责的部门对自己企业的安全生产状况进行监督检查？

答：建筑工程施工企业应当依据《安全生产法》的规定，自觉接受负有安全生产监督管理职责的部门，依照有关法律、法规的规定和国家标准或者行业标准规定的安全生产条件，对本企业涉及安全生产需要审查批准的事项（包括批准、核准、许可、注册、认证、颁发证照等）进行监督检查。

建筑工程施工企业需协助和配合负有安全生产监督管理职责的部门依法对本企业执行有关安全生产的法律、法规和国家标准或者行业标准的情况进行监督检查，并行使以下职权：

（1）进入生产经营单位进行检查，调阅有关资料，向有关单位和人员了解情况。

（2）对检查中发现的安全生产违法行为，当场予以纠正或者要求限期改正；对依法应当给予行政处罚的行为，依照本法和其他有关法律、行政法规的规定作出行政处罚决定。

（3）对检查中发现的事故隐患，应当责令立即排除；重大事故隐患排除前或者排除过程中无法保证安全的，应当责令从危险区域内撤出作业人员，责令暂时停产停业或者停止使用；重大事故隐患排除后，经审查同意，方可恢复生产经营和使用。

（4）对有根据认为不符合保障安全生产的国家标准或者行业标准的设施、设备、器材予以查封或者扣押，并应当在十五日内依法作出处理决定。

施工企业应当指定专人配合安全生产监督检查人员对其安全生产进行检查，对检查的时间、地点、内容、发现的问题及其处理情况作出书面记录，并由检查人员和被检查单位的负责人签字确认。施工单位对负有安全生产监督管理职责的部门的监督检查人员依法履行监督检查职责，应当予以配合，不得拒绝、阻挠。

14. 施工企业发生生产安全事故后的处理程序是什么？

答：施工单位发生生产安全事故后，事故现场有关人员应当立即报告本单位负责人。单位负责人接到事故报告后，应当迅速采取有效措施，组织抢救，防止事故扩大，减少人员伤亡和财产损失，并按照国家有关规定立即如实报告当地负有安全生产监督管理职责的部门，不得隐瞒不报、谎报或者拖延不报，不得故意破坏事故现场，毁灭有关证据。

负有安全生产监督管理职责的部门接到事故报告后，应当立即按照国家有关规定上报事故情况。负有安全生产监督管理职责的部门和有关地方人民政府对事故情况不得隐瞒不报、谎报或者拖延不报。

有关地方人民政府和负有安全生产监督管理职责的部门的负责人接到重大生产安全事故报告后，应当立即赶到事故现场，组织事故抢救。任何单位和个人都应当支持、配合事故抢救，并提供一切便利条件。

15. 安全事故的调查与处理以及事故责任认定应遵循哪些原则？

答：事故调查处理应当遵循实事求是、尊重科学的原则，及时、准确地查清事故原因，查明事故性质和责任，总结事故教训，提出整改措施。

16. 施工企业的安全责任有哪些内容？

答：《安全生产法》规定：施工单位的决策机构、主要负责人、个人经营的投资人应依照《安全生产法》的规定，保证安全生产所必需的资金投入，确保生产经营单位具备安全生产条件。施工单位的主要负责人应履行《安全生产法》规定的安全生产管理职责。

施工单位应履行下列职责：

（1）按照规定设立安全生产管理机构或者配备安全生产管理人员；

（2）危险物品的生产、经营、储存单位以及矿山、建筑施工单位的主要负责人和安全生产管理人员应按照规定经考核合格；

（3）按照《安全生产法》的规定，对从业人员进行安全生产教育和培训，或者按照《安全生产法》的规定如实告知从业人员有关的安全生产事项；

（4）特种作业人员应按照规定经专门的安全作业培训并取得特种作业操作资格证书，上岗作业；

（5）用于生产、储存危险物品的建设项目的施工单位应按照批准的安全设施设计施工，项目竣工投入生产或者使用前，安全设施经验收合格；

（6）应在有较大危险因素的生产经营场所和有关设施、设备上设置明显的安全警示标志；

（7）安全设备的安装、使用、检测、改造和报废应符合国家标准或者行业标准；

（8）为从业人员提供符合国家标准或者行业标准的劳动防护用品；

（9）对安全设备进行经常性维护、保养和定期检测；

（10）不使用国家明令淘汰、禁止使用的危及生产安全的工艺、设备；

（11）特种设备以及危险物品的容器、运输工具经取得专业资质的机构检测、检验合格，取得安全使用证或者安全标志后再投入使用；

（12）进行爆破、吊装等危险作业，应安排专门管理人员进行现场安全管理。

17. 施工企业工程质量控制的责任和义务各有哪些内容？

答：《建筑法》和《建设工程质量管理条例》规定的施工企业工程质量控制的责任和义务包括：做到在资质等级许可的范围内承揽工程；做到不允许其他单位或个人以自己单位的名义承揽工程；施工单位不得转包或者违法分包工程。施工单位对建设工程的施工质量负责。施工单位应当建立质量责任制，确定工程项目的项目经理、技术负责人和施工管理负责人。建设工程实行总承包的总承包单位应当对全部建设工程质量负责，分包单位应当按照分包合同的约定对其分包工程的质量负责。施工单位应按照工程设计图纸和施工技术标准施工，不得擅自修改工程设计，不得偷工减料；对施工过程中出现的质量问题或竣工验收不合格的工程项目，应当负责返修。施工单位在组织施工中应当准确全面理解工程项目相关设计规范和施工验收规范的规定、地方和行业法规与标准的规定。

18. 什么是劳动合同？劳动合同的形式有哪些？怎样订立和变更劳动合同？无效劳动合同的构成条件有哪些？

答：为了确定调整劳动者各主体之间的关系，明确劳动合同双方当事人的权利和义务，确保劳动者的合法权益，构建和发展和谐稳定的劳动关系，依据相关法律、法规、用人单位和劳动者双方的意愿等所签订的确定契约称为劳动合同。

劳动合同分为固定期限劳动合同、无固定期限劳动合同和以完成一定工作任务为期限的劳动合同等。固定期限劳动合同，是指用人单位与劳动者约定终止时间的劳动合同。用人单位与劳动者协商一致，可以订立固定期限劳动合同。无固定期限劳动合同，是指用人单位与劳动者约定无确定终止时间的劳动合同。以完成一定工作任务为期限的劳动合同是指用人单位与劳动者约定以某项工作的完成为合同期限的劳动合同。

用人单位与劳动者协商一致，并经用人单位与劳动者在劳动合同文本上签字或者盖章后生效。用人单位与劳动者协商一致，可以变更劳动合同约定的内容，变更劳动合同应当采用书面的形式。订立的劳动合同和变更后的劳动合同文本由用人单位和劳动者各执一份。

无效劳动合同，是指当事人签订成立的而国家不予承认其法律效力的合同。劳动合同无效或者部分无效的情形有：

（1）以欺诈、胁迫手段或者乘人之危，使对方在违背真实意思的情况下订立或者变更劳动合同的；

（2）用人单位免除自己的法定责任、排除劳动者权利的；

（3）违反法律、行政法规强制性规定的。对于合同无效或部分无效有争议的，由劳动仲裁机构或者人民法院确定。

19. 怎样解除劳动合同？

答：有下列情形之一者，依照劳动合同法规定的条件、程序，劳动者可以与用人单位解除劳动合同关系：

（1）用人单位与劳动者协商一致的；

（2）劳动者提前30日以书面形式通知用人单位的；

（3）劳动者在试用期内提前3日通知用人单位的；

（4）用人单位未按照劳动合同约定提供劳动保护或者劳动条件的；

（5）用人单位未及时足额支付劳动报酬的；

（6）用人单位未依法为劳动者缴纳社会保险的；

（7）用人单位的规章制度违反法律、法规的规定，损害劳动者权益的；

（8）用人单位以欺诈、胁迫手段或者乘人之危，使劳动者在违背真实意思的情况下订立或变更劳动合同的；

（9）用人单位在劳动合同中免除自己的法定责任、排除劳动者权利的；

（10）用人单位违反法律、行政法规强制性规定的；

（11）用人单位以暴力威胁或者非法限制人身自由的手段强迫劳动者劳动的；

（12）用人单位违章指挥、强令冒险作业危及劳动者人身安全的；

（13）法律行政法规规定劳动者可以解除劳动合同的其他情形。

有下列情形之一者，依照劳动合同法规定的条件、程序，用人单位可以与劳动者解除劳动合同关系：

（1）用人单位与劳动者协商一致的；

（2）劳动者在使用期间被证明不符合录用条件的；

（3）劳动者严重违反用人单位的规章制度的；

（4）劳动者严重失职，营私舞弊，给用人单位造成重大损害的；

（5）劳动者同时与其他用人单位建立劳动关系，对完成本单位的工作任务造成严重影响，或者经用人单位提出，拒不改正的；

（6）劳动者以欺诈、胁迫手段或者乘人之危，使用人单位在违背真实意思的情况下订立或变更劳动合同的；

（7）劳动者被依法追究刑事责任的；

（8）劳动者患病或者因工负伤不能从事原工作，也不能从事由用人单位另行安排的工作的；

（9）劳动者不能胜任工作，经培训或者调整工作岗位，仍不能胜任工作的；

（10）劳动合同订立所依据的客观情况发生重大变化，致使劳动合同无法履行，经用人单位与劳动者协商，未能就变更劳动合同内容达成协议的；

（11）用人单位依照企业破产法规定进行重整的；

（12）用人单位生产经营发生严重困难的；

（13）企业转产、重大技术革新或者经营方式调整，经变更劳动合同后，仍需裁减人员的；

（14）其他因劳动合同订立时所依据的客观经济情况发生重大变化，致使劳动合同无法履行的。

20. 什么是集体合同？集体合同的效力有哪些？集体合同的内容和订立程序各有哪些内容？

答：企业职工一方与企业就劳动报酬、工作时间、休息休假、劳动安全卫生、保险福利等事项，签订的合同称为集体合同。集体合同草案应当提交职工代表大会或者全体职工讨论通过。集体合同由工会代表职工与企业签订；没有建立工会的企业，由职工推举的代表与企业签订。集体合同签订后应当报送劳动行政部门；劳动行政部门自收到集体合同文本之日起15日内未提出异议的，集体合同即行生效。

依法订立的集体合同对用人单位和劳动者具有约束力。行业性、区域性集体合同对当地本行业、本区域的用人单位和劳动者具有约束力。依法订立的集体合同对企业和企业全体职工具有约束力。职工个人与企业订立的劳动合同中劳动条件和劳动报酬等标准不得低于集体合同的规定。集体合同中的劳动报酬和劳动条件不得低于当地人民政府规定的最低标准。

21. 《劳动法》对劳动卫生作了哪些规定？

答：用人单位必须建立、健全劳动安全卫生制度，严格执行国家劳动安全卫生规程和标准，对劳动者进行劳动安全卫生教育，防止劳动过程中的事故，减少职业危害。劳动安全卫生设施必须符合国家规定的标准。新建、改建、扩建工程的劳动安全卫生设施必须与主体工程同时设计、同时施工、同时投入生产和使用。用人单位必须为劳动者提供符合国家规定的劳动安全卫生条件和必要的劳动防护用品，对从事有职业危害作业的劳动者应当定期进行健康检查。

第二节　工程材料的基本知识

1. 无机胶凝材料是怎样分类的？它们特性各有哪些？

答：（1）胶凝材料及其分类

胶凝材料就是把块状、颗粒状或纤维状材料粘结为整体的材料。无机胶凝材料也称为矿物胶凝材料，其主要成分是无机化合物，如水泥、石膏、石灰等均属于无机胶凝材料。

（2）胶凝材料的特性

根据硬化条件的不同，无机胶凝材料分为气硬性胶凝材料（如石灰、石膏、水玻璃）和水硬性胶凝材料（如水泥）两类。气硬性胶凝材料只能在空气中凝结、硬化、保持和发展强度，通常适用于干燥环境，在潮湿环境和水中不能使用。水硬性胶凝材料既能在空气中硬化，也能在水中凝结、硬化、保持和发展强度，既适用于干燥环境，也适用于潮湿环境和水中。

2. 水泥怎样分类？通用水泥分哪几个品种？它们各自主要性能指标有哪些？

答：（1）水泥及其品种分类

水泥是一种加水拌合成塑性浆体，通过水化逐渐固结、硬化，能够胶结砂、石等固体材料，并能在空气和水中硬化的粉状水硬性胶凝材料。水泥的品种可按以下两种方法分类。

1）按矿物组成分类。可分为硅酸盐水泥、铝酸盐水泥、硫铝酸盐水泥、氟铝酸盐水泥、铁铝酸盐水泥以及少熟料或无熟料水泥等。

2）按其用途和性能可分为通用水泥、专用水泥和特殊水泥三大类。

（2）建筑工程常用水泥的品种

用于一般建筑工程的水泥为通用水泥，它包括硅酸盐水泥、普通硅酸盐水泥、矿渣硅酸盐水泥、火山灰质硅酸盐水泥、粉煤灰硅酸盐水泥、复合硅酸盐水泥等。

（3）建筑工程常用水泥的主要性能指标

建筑工程常用水泥的主要性能指标包括细度、标准稠度及其用水量、凝结时间、体积安定性、水泥强度、水化热等。

1）细度。细度是指水泥颗粒粗细的程度。它是影响水泥需水量、凝结时间、强度和安定性能的重要指标。颗粒越细，与水反应的表面积就越大，水化反应的速度就越快，水泥石的早期强度就越高，但硬化体的收缩也愈大，且水泥储运过程中易受潮而降低活性。因此，水泥的细度应适当。

2）标准稠度及其用水量。在测定水泥凝结时间、体积安定性等性能时，为使所测结果有准确的可比性，规定在试验时所用的水泥净浆必须按规范《水泥标准稠度用水量、凝结时间、安定性检验方法》GB/T 1346 的规定以标准方法测试，并达到统一规定的浆体可塑性（标准稠度）。水泥净浆体标准稠度用水量，是指拌制水泥净浆时为达到标准稠度所需的加水量，它以水与水泥质量之比的百分数表示。

3）凝结时间。水泥从加水开始到失去流动性所需的时间称为凝结时间，分为初凝时间和终凝时间。初凝时间为水泥从加水拌和起到水泥浆开始失去可塑性所需的时间；终凝时间是指水泥从加水拌和起到水泥浆完全失去可塑性，并开始产生强度所需要的时间。水泥的凝结时间对施工具有较大的意义。初凝时间过短，施工时没有足够的时间完成混凝土或砂浆的搅拌、运输、浇捣和砌筑等操作；水泥的终凝时间过迟，则会拖延施工工期。国

15

家标准规定硅酸盐水泥的初凝时间不得早于 45min，终凝时间不得迟于 6.5h，其他品种通用水泥初凝时间都是 45min，但终凝时间为 10h。

4）体积安定性。它是指水泥浆体硬化后体积变化的稳定性。安定性不良的水泥，在浆体硬化过程中或硬化后产生不均匀体积膨胀，并引起开裂。水泥安定性不良的主要因素是熟料中含有过量的游离氧化钙、游离氧化镁或研磨时掺入的石膏过多。国家标准规定水泥熟料中游离氧化镁的含量不得超过 5.0%，三氧化硫的含量不得超过 3.5%，体积安定性不合格的水泥为废品，不能用于工程。

5）水泥强度。水泥强度与水泥的矿物组成、水泥细度、水灰比大小、水化龄期和环境温度等密切相关。按国家标准《水泥胶砂强度检验方法（ISO 法）》GB/T 17671 的规定制作试块、养护并测定其抗压强度和抗折强度值，并据此评定水泥的强度等级。

6）水化热。水泥水化放出的热量以及放热速度，主要取决于水泥矿物组成和细度。熟料矿物质铝酸三钙和硅酸三钙含量越高，颗粒越细，则水化热越大。水化热越大对冬期施工越有利，但对大体积混凝土工程是有害的。为了避免温度应力引起水泥石开裂，在大体积混凝土工程施工中，不宜采用硅酸盐水泥，而应采用水化热低的矿渣水泥等，水化热的测定可按国家标准规定的方法测定。

3. 普通混凝土是怎样分类的？

答：混凝土是以胶凝材料、粗细骨料及其他外掺材料按适当比例搅拌、成型、养护、硬化而成的人工石材。通常将以水泥、矿物掺合材料、粗细骨料、水和外加剂按一定比例配置而成的、干表观密度为 2000～2800kg/m³ 的混凝土称为普通混凝土。普通混凝土的分类如下：

（1）按用途分。可分为结构混凝土、抗渗混凝土、抗冻混凝土、大体积混凝土、水工混凝土、耐热混凝土、耐酸混凝土、装饰混凝土等。

（2）按强度等级分。可分为普通混凝土，强度等级≥C60 的高强度混凝土，以及强度等级高于 C100 的超高强度混凝土。

（3）按施工工艺分。可分为喷射混凝土、泵送混凝土、碾压混凝土、压力灌浆混凝土、离心混凝土、真空脱水混凝土。

4. 混凝土拌合物的主要性能指标有哪些？

答：混凝土中各种组成材料按比例配合经搅拌形成的混合物称为混凝土的拌合物，又称新拌混凝土。混凝土拌合物易于各工序的施工操作（搅拌、运输、浇筑、振捣、成型等），并获得质量稳定、整体均匀、成型密实的混凝土性能，称为混凝土拌合物的和易性。和易性是满足施工工艺要求的综合性质，包括流动性、黏聚性和保水性。

流动性是指混凝土拌合物在自重或机械振动时能够产生流动的性质。流动性的大小反映了混凝土拌合物的稀稠程度，流动性良好的拌合物，易于浇筑、振捣和成型。

黏聚性是指混凝土组成材料间具有一定的凝聚力，在施工过程中混凝土能够保持整体均匀的性能。黏聚性反映了混凝土拌合物的均匀性，黏聚性良好的拌合物易于施工操作，不会产生分层和离析的现象。黏聚性差时，会造成混凝土质地不均匀，振捣后易出现蜂窝、空洞等现象。

保水性是指混凝土拌合物在施工过程中具有一定的保持内部水分而抵抗泌水的能力。保水性反映了混凝土拌合物的稳定性。保水性差的混凝土拌合物在混凝土内形成通水通道，影响混凝土的密实性，并降低混凝土的强度和耐久性。

流动性是反映和易性的主要指标，流动性常用坍落度法测定，坍落度数值越大，表明混凝土拌合物流动性大，根据坍落度值的大小，可以将混凝土分为四级：大流动性混凝土（坍落度大于 160mm）、流动性混凝土（坍落度 100～150mm）、塑性混凝土（坍落度 10～90mm）和干硬性混凝土（坍落度小于 10mm）。

5. 硬化后混凝土的强度有哪几种?

答:根据国家标准《混凝土结构设计规范》GB 50010 的规定,混凝土强度等级按立方体抗压强度标准值确定,混凝土强度包括立方体抗压强度标准值、轴心抗压强度和轴心抗拉强度。

(1)混凝土立方体抗压强度

《规范》规定:混凝土的立方体抗压强度标准值是指,在标准状况下制作养护边长为 150mm 立方体试块,用标准方法测得的 28d 龄期时,具有 95% 保证概率的强度值,单位是 N/mm^2。我国现行《混凝土结构设计规范》规定混凝土强度等级有 C15、C20、C25、C30、C35、C40、C45、C50、C55、C60、C65、C70、C75、C80 共 14 级,其中 C 代表混凝土,C 后面的数字代表立方体抗压标准强度值,单位是 N/mm^2,用符号 $f_{cu,k}$ 表示。《规范》同时允许,对近年来使用量明显增加的粉煤灰等矿物混凝土,确定其立方体抗压强度标准值 $f_{cu,k}$ 时,龄期不受 28d 的限值,可以由设计者根据具体情况适当延长。

(2)混凝土轴心抗压强度

实验证明,立方体抗压强度不能代表以受压为主的结构构件中混凝土强度。通过用同批次混凝土在同一条件下制作养护的棱柱体试件和短柱在轴心力作用下受压性能的对比试验,可以看出高宽比超过 3 以后的混凝土棱柱体中的混凝土抗压强度和以受压为主的钢筋混凝土构件中的混凝土抗压强度是一致的。因此,《规范》规定用高宽比为 3~4 的混凝土棱柱体试件测得的混凝土的抗压强度作为混凝土的轴心抗压强度(棱柱体抗压强度),用符号 f_{ck} 表示。

(3)混凝土的抗拉强度

常用的混凝土轴心抗拉强度测定方法是拔出试验或劈裂试验。相比之下拔出试验更为简单易行。拔出试验采用 100mm×100mm×500mm 的棱柱体,在试件两端轴心位置预埋Φ16 或Φ18HRB335 级钢筋,埋入深度为 150mm,在标准状况下养护

28d 龄期后可测试其抗拉强度，用符号 f_{tk} 表示。

6. 砂浆分为哪几类？它们各自的特性有哪些？砌筑砂浆组成材料及其主要技术要求包括哪些内容？

答：砂浆是由胶凝材料水泥和石灰、细骨料砂子加水拌合而成的，特殊情况下根据需要掺入掺合料和外加剂，按照一定的比例混合后搅拌而成。砂浆的作用是将砌体中的块材粘结成整体共同工作；同时，砂浆平整地填充在块材表面能使块材和整个砌体受力均匀；由于砌体填满块材间的缝隙，也同时提高了砌体的隔热、保温、隔音、防潮和防冻性能。

（1）水泥砂浆

水泥砂浆是指不掺加任何其他塑性掺合料的纯水泥砂浆。其强度高、耐久性好、适用于强度要求较高、潮湿环境的砌体。但和易性及保水性差，在强度等级相同的情况下，用同样块材砌筑而成的砌体强度比砂浆流动性好的混合砂浆砌筑的砌体要低。

（2）混合砂浆

混合砂浆是指在水泥砂浆的基本组成成分中加入塑性掺合料（石灰膏、黏土膏）拌制而成的砂浆。它强度较高、耐久性较好、和易性和保水性好，施工灰缝容易做到饱满平整，便于施工。一般墙体多用混合砂浆，在潮湿环境不适宜用混合砂浆。

（3）非水泥砂浆

它是不含水泥的石灰砂浆、黏土砂浆、石膏砂浆的统称。其强度低、耐久性差，通常用于地上简易的建筑。

砌筑砂浆的技术性质主要包括新拌砂浆的密度、和易性、硬化砂浆强度和对基面的粘结力、抗冻性、收缩值等指标。其中强度和和易性是新拌砂浆两个重要技术指标。

新拌砂浆的和易性是指砂浆易于施工并能保证质量的综合性质。和易性好的砂浆不仅在运输施工过程中不易产生分层、离析、泌水，而且能在粗糙的砖、石表面铺成均匀的薄层，与基层保持良好的粘结，便于施工操作。和易性包括流动性和保水性两个方面。流动性是指砂浆在重力和外力作用下产生流动的性能。通常用砂浆稠度仪测定。砂浆的保水性是指新拌砂浆能够保持内部水分不泌出流失的能力。砂浆的保水性用保水率（％）表示。

新拌砂浆的强度以 3 个 70.7mm×70.7mm×70.7mm 的立方体试块，在标准状况下养护 28d，用标准方法测得的抗压强度（MPa）算术平均值来评定。砂浆强度等级分为 M5、M7.5、M10、M15、M20、M25、M30 七个等级。

7. 砌筑用石材怎样分类？它们各自在什么情况下应用？

答：承重结构中常用的石材应选用无明显风化的天然石材，常用的有重力密度大的花岗岩、石灰岩、砂岩及轻质天然石。重力密度大的重质天然石材强度高、耐久和抗冻性能好。一般用于石材生产区的基础砌体或挡土墙中，也可用于砌筑承重墙，但其热阻小、导热系数大，不宜用于北方需要供暖地区。

石材按其加工后的外形规整的程度可分为料石和毛石。料石多用于墙体，毛石多用于地下结构和基础。

料石按加工粗细程度不同分为细料石、半细料石、粗料石和毛料石 4 种。料石截面高度和宽度尺寸不宜小于 200mm，且不小于长度的 1/4。毛石外形不规整，但要求中部厚度不应小于 200mm。

石材通常用 3 个边长为 70mm 的立方体试块抗压强度的平均值确定。

石材抗压强度等级有 MU100、MU80、MU60、MU50、MU40、MU30 和 MU20 七个等级。

8. 砖分为哪几类？它们各自的主要技术要求有哪些？工程中怎样选择砖？

答：块材是组成砌体的主要部分，砌体的强度主要来自于砌块。现阶段工程结构中常用的块材有砖、砌体和各种石材。

（1）烧结普通砖

烧结普通砖是由矸石、页岩、粉煤灰或黏土为主要原料，经过焙烧而成的实心砖。分烧结煤矸石砖、烧结页岩砖、烧结粉煤灰砖、烧结黏土砖等。实心黏土砖是我国砌体结构中最主要的和最常见的块材，其生产工艺简单、砌筑时便于操作、强度较高、价格较低廉，所以使用量很大。但是由于生产黏土砖消耗黏土的量大、毁坏农田与农业争地的矛盾突出，焙烧时造成的大气污染等对国家可持续发展构成负面影响，除在广大农村和城镇大量使用以外，大中城市已不允许建设隔热保温性能差的实心砖砌体房屋。

1）烧结普通砖

烧结黏土砖的尺寸为 240mm×115mm×53mm。为符合砖的模数，砖砌体的厚度为 240mm、370mm、490mm、620mm、740mm 等尺寸。

2）烧结多孔砖

烧结多孔砖是由矸石、页岩、粉煤灰或黏土为主要原料，经过焙烧而成、空洞率不大于 35％，孔的尺寸小而数量多，主要用于承重部位的砖。

砖的强度等级是根据标准试验方法（半砖叠砌）测得的破坏时的抗压强度确定，同时考虑到这类砖的厚度较小，在砌体中易受弯、受剪后易折断，《砌体结构设计规范》GB 50003 同时规定某种强度的砖同时还要满足对应的抗折强度要求。普通黏土砖和黏土空心砖的强度共有 MU30、MU25、MU20、MU15、MU10 五个等级。

（2）非烧结硅酸盐砖

这类砖是用硅酸盐类材料或工业废料粉煤灰为主要原料生产的，具有节省黏土、不损毁农田、有利于工业废料再利用、减少工业废料对环境污染的作用，同时可取代黏土砖生产，从而可有效降低黏土砖生产过程中环境污染问题，符合环保、节能和可持续发展的思路。这类砖常用的有蒸压灰砂普通砖、蒸压粉煤灰普通砖两类。

1）蒸压灰砂普通砂砖。它是以石灰等钙质材料和砂等硅质材料为主要原料，经坯料制备、压制排气成型、高压蒸汽养护而成的实心砖。

2）蒸压粉煤普通灰砖。它是以石灰、消石灰（如电石渣）或水泥等钙质材料与粉煤灰等硅质材料（砂等）为主要原料，掺加适量石膏，经坯料制备、压制排气成型、高压蒸汽养护而成的实心砖。

蒸压灰砂普通砖和蒸压粉煤灰普通砖它们的规格尺寸与实心黏土砖相同，能基本满足一般建筑的使用要求，但这类砖强度较低、耐久性稍差，在多层建筑中不用为宜。在高温环境下也不具备良好的工作性能，不宜用这类砖砌筑壁炉和烟囱。由于蒸压灰砂砖和粉煤灰砖自重小，用作框架和框架剪力墙结构的填充墙不失为较好的墙体材料。

蒸压灰砂砖的强度等级，与烧结普通砖一样，由抗压强度和抗折强度综合评定。在确定粉煤灰砖强度等级时，要考虑自然碳化影响，对试验室实测的值除以碳化系数 1.15。砌体结构设计规范规定，它们的强度等级分为 MU25、MU20、MU15 三个等级。

（3）混凝土砖

它是以水泥为胶凝材料，以砂、石为主要集料、加水搅拌、成型、养护制成的一种多孔的混凝土半盲孔砖或实心砖。多孔砖的主要规格尺寸为 240mm×150mm×90mm、240mm×190mm×90mm、190mm×190mm×90mm 等；实心砖的主要规格尺寸为 240mm×115mm×53mm、240mm×115mm×90mm 等。

9. 工程中最常用的砌块是哪一类？它的主要技术要求有哪些？它的强度分几个等级？

答：工程中最常用的砌块是混凝土小型空心砌块。由普通混凝土或轻集料混凝土制成，主要规格尺寸为 390mm×190mm×

190mm、空心率为 25%～50%的空心砌块，简称为混凝土砌块或砌块。

砌块体积可达标准砖的 60 倍，因为其尺寸大才称为砌块。砌体结构中常用的砌块原料为普通混凝土或轻骨料混凝土。混凝土空心砌块尺寸大、砌筑效率高，同样体积的砌体可减少砌筑次数，降低劳动强度。砌块分为实心砌块和空心砌块两类，空心砌块的空洞率在 25%～50%之间。通常，把高度小于 380mm 的砌块称为小型砌块，高度在 380～900mm 的称为中型砌块。

混凝土砌块的强度等级是根据单块受压毛截面积试验时的破坏荷载折算到毛截面积上后确定的。其强度等级分为 MU20、MU15、MU10、MU7.5 和 MU5 共五个等级。

10. 钢筋混凝土结构用钢材有哪些种类？各类的特性是什么？

答：现行《混凝土结构设计规范》中规定：增加了强度为 500MPa 级的热轧带肋钢筋；推广 400MPa、500MPa 级热轧带肋高强度钢筋作为纵向受力的主导钢筋，限制并逐步淘汰 335MPa 级热轧带肋钢筋的应用；用 300MPa 级光圆钢筋取代 235MPa 级光圆钢筋。推广具有较好延性、可焊性、机械连接性能及施工适应性的 HRB 系列普通钢筋。引入用控温轧制工艺生产的 HRBF 系列细晶粒带肋钢筋。RRB 系列余热处理钢筋由轧制钢筋经高温淬水，余热处理后提高强度。其延性、可焊性、机械连接性能及施工适应性降低，一般可用于对变形性能及进攻性能要求不高的构件中，如基础、大体积混凝土、楼板、墙体以及次要的中小结构构件等。

混凝土结构和预应力混凝土结构中使用的钢筋如下：

（1）纵向受力普通钢筋宜采用 HRB400、HRB500、HRBF400、HRBF500 钢筋，也可采用 HPB300、HRB335、HRBF335、RRB400 钢筋。

（2）梁、柱纵向受力普通钢筋应采用 HRB400、HRB500、HRBF400、HRBF500 钢筋。

（3）箍筋宜采用 HPB300、HRB400、HRBF400、HRB500、HRBF500 钢筋，也可采用 HRB335、HRBF335 钢筋。

（4）预应力筋宜采用预应力钢丝、消除预应力钢丝、预应力螺纹钢筋。

11. 钢结构用钢材有哪些种类？在钢结构工程中怎样选用钢材？

答：钢结构用钢材按组成成分分为碳素结构钢和低合金结构钢两大类。

钢结构用钢材按形状分为热轧型钢（如热轧角钢、热轧工字钢、热轧槽钢、热轧 H 型钢）、冷轧薄壁型钢、钢板等。

钢结构用钢材按强度等级可分为 Q235 钢、Q345 钢、Q390钢、Q420 钢和 Q460 钢等，每个钢种可按其性能不同细分为若干个等级。

现行《钢结构设计规范》GB 50017 对钢结构所用钢材的选材规定如下：

（1）钢结构选材应遵循技术可靠、经济合理的原则，综合考虑结构的重要性、荷载特征、结构形式、应力状态、连接方法、钢材厚度、价格和工作环境等因素，选用合适的钢材牌号和材性。

（2）承重结构采用的钢材应具有屈服强度、伸长率、抗拉强度、冲击韧性和硫、磷含量的合格保证，对焊接结构尚应具有碳含量（或碳当量）的合格保证。焊接承重结构以及重要的非焊接承重结构采用的钢材还应具有冷弯试验的合格保证。当选用Q235 钢时，其脱氧方法应选用镇静钢。

（3）钢材的质量等级，应按下列规定选用：

1）对不需要验算疲劳的焊接结构，应符合下列规定：

① 不应采用 Q235A（镇静钢）；

② 当结构工作温度大于 20℃ 时，可采用 Q235B、Q345A、Q390A、Q420A、Q460 钢；

③ 结构工作温度不高于 20℃ 但高于 0℃ 时，应采用 B 级钢；

④ 当结构工作温度不高于 0℃ 但高于 −20℃ 时，应采用 C 级钢；

⑤ 当结构工作温度不高于 −20℃ 时，应采用 D 级钢。

2）对不需要验算疲劳的非焊接结构，应符合下列规定：

① 当结构工作温度高于 20℃ 时，可采用 A 级钢；

② 当结构工作温度不高于 20℃ 但高于 0℃ 时，宜采用 B 级钢；

③ 当结构工作温度不高于 0℃ 但高于 −20℃ 时，应采用 C 级钢；

④ 当结构工作温度不高于 −20℃ 时，对 Q235 钢和 Q345 钢应采用 C 级钢；对 Q390 钢、Q420 钢和 Q460 钢应采用 D 级钢。

3）对于需要验算疲劳的非焊接结构，应符合下列规定：

① 钢材至少应采用 B 级钢；

② 当结构工作温度不高于 0℃ 但高于 −20℃ 时，应采用 C 级钢；

③ 当结构工作温度不高于 −20℃ 时，对 Q235 钢和 Q345 钢应采用 C 级钢；对 Q390 钢、Q420 钢和 Q460 钢应采用 D 级钢。

4）对于需要验算疲劳的焊接结构，应符合下列规定：

① 钢材至少应采用 B 级钢；

② 当结构工作温度不高于 0℃ 但高于 −20℃ 时，Q235 钢和 Q345 钢应采用 C 级钢；对 Q390 钢、Q420 钢和 Q460 钢应采用 D 级钢。

③ 当结构工作温度不高于 −20℃ 时，Q235 钢和 Q345 钢应采用 D 级钢；对 Q390 钢、Q420 钢和 Q460 钢应采用 E 级钢。

5）承重结构在低于 −30℃ 环境下工作时，其选材还应符合下列规定：

① 不宜采用过厚的钢板；

② 严格控制钢材的硫、磷、氮含量；

③ 重要承重结构的受拉板件，当板厚大于等于 40mm 时，宜选用细化晶粒的 GJ 钢板。

（4）焊接材料熔敷金属的力学性能应不低于相应母材标准的下限值或满足设计要求。当设计或被焊母材有冲击韧性要求规定时，熔敷金属的冲击韧性应不低于设计规定或对母材的要求。

（5）对直接承受动力荷载或振动荷载且需要验算疲劳的结构，或低温环境下工作的厚板结构，宜采用低氢型焊条或低氢焊接方法。

（6）对 T 形、十字形、角接接头，当其翼缘板厚度等于大于 40mm 且连接焊缝熔透高度等于大于 25mm 或连接角焊缝高度大于 35mm 时，设计宜采用对厚度方向性能有要求的抗层状撕裂钢板，其 Z 向性能等级不应低于 Z15（或限制钢板的含硫量不大于 0.01%）；当其翼缘板厚度等于大于 40mm 且连接焊缝熔透高度等于大于 40mm 或连接角焊缝高度大于 60mm 时，Z 向性能等级宜为 Z25（或限制钢板的含硫量不大于 0.007%）。钢板厚度方向性能等级或含硫量限制应根据节点形式、板厚、熔深或焊高、焊接时节点拘束度，以及预热后热情况综合确定。

（7）有抗震设防要求的钢结构，可能发生塑性变形的构件或部位所采用的钢材应符合钢结构设计规范的规定，其他抗震构件的钢材性能应符合下列规定：

1）钢材应有明显的屈服台阶，且伸长率不应小于 20%；

2）钢材应有良好的焊接性和合格的冲击韧性。

（8）冷成型管材（如方矩管、圆管）和型材，及经冷加工成型的构件，除所用原料板材的性能与技术条件应符合相应材料标准规定外，其最终成型后构件的材料性能和技术条件尚应符合相关设计规范或设计图纸的要求（如延伸率、冲击功、材料质量等级、取样及试验方法）。冷成型圆管的外径与壁厚之比不宜小于20；冷成型方矩管不宜选用由圆变方工艺生产的钢管。

12. 钢结构中使用的焊条分为几类？各自的应用范围是什么？

答：钢结构中使用的焊条分为：自动焊、半自动焊和 43××

型焊；手工焊自动焊、半自动焊和 E50×× 型焊条的手工焊等；自动焊、半自动焊和 E55×。它们分别用于抗压、抗拉和抗弯强度、抗剪、抗拉、抗压和抗剪连接的焊缝中。

第三节　施工图识读、绘制的基本知识

1. 房屋建筑施工图由哪些部分组成？它的作用包括哪些？

答：（1）建筑设计总说明；

（2）各楼层平面布置图；

（3）屋面排水示意图、屋顶间平面布置图及屋面构造详图；

（4）外纵墙面及山墙面示意图；

（5）内墙构造详图；

（6）楼梯间、电梯间构造详图；

（7）楼地面构造图；

（8）卫生间、盥洗室平面布置图、墙体及防水构造详图；

（9）消防系统图等。

建筑施工图的主要作用包括：

（1）确定建筑物在建设场地内的平面位置；

（2）确定各功能分区及其布置；

（3）为项目报批、项目招投标提供基础性参考依据；

（4）指导工程施工，为其他专业的施工提供前提和基础；

（5）是项目结算的重要依据；

（6）是项目后期维修保养的基础性参考依据。

2. 房屋建筑施工图的图示特点有哪些？

答：房屋建筑施工图的图示特点包括：

（1）直观性强；

（2）指导性强；

（3）生动美观；

（4）具体实用性强；

（5）内容丰富；

（6）指导性和统领性强；

（7）规范化和标准化程度高。

3. 建筑施工图的图示方法及内容各有哪些？

答：建筑施工图的图示方法主要包括：

（1）文字说明；

（2）平面图；

（3）立面图；

（4）剖面图，有必要时加附透视图；

（5）表列汇总等。

建筑施工图的图示内容主要包括：

（1）房屋平面尺寸及其各功能分区的尺寸及面积；

（2）各组成部分的详细构造要求；

（3）各组成部分所用材料的限定；

（4）建筑重要性分级及防火等级的确定；

（5）协调结构、水、电、暖、卫和设备安装的有关规定等。

4. 结构施工图的图示方法及内容各有哪些？

答：结构施工图是表示房屋承重受各种作用的受力体系中各个构件之间相互关系、构件自身信息的设计文件，它包括下部结构的地基基础施工图、上部主体结构中承受作用的墙体、柱、板、梁或屋架等的施工图纸。

结构施工图包括结构设计总说明、结构平面图以及结构详图，它们是结构图整体中联系紧密、相互补充、相互关联、相辅相成的三部分。

（1）结构设计总说明。结构设计总说明是对结构设计文件全面、概括性的文字说明，包括结构设计依据，适用的规范、规程、标准图集等，结构重要性等级、抗震设防烈度、场地土的类别及工程特性、基础类型、结构类型、选用的主要工程材料、施工注意事项等。

（2）结构平面布置图。结构平面布置图是表示房屋结构中各种结构构件总体平面布置的图样，包括以下三种：

1）基础平面图。基础平面图反映基础在建设场地上的布置，标高、基坑和桩孔尺寸、地下管沟的走向、坡度、出口，地基处理和基础细部设计，以及地基和上部结构的衔接关系的内容。如果是工业建筑还应包括设备基础图。

2）楼层结构布置图。包括底层、标准层结构布置图，主要内容包括各楼层结构构件的组成、连接关系、材料选型、配筋、构造做法，特殊情况下还有施工工艺及顺序等要求的说明等。对于工业厂房，还应包括纵向柱列、横向柱列的确定，吊车梁、连系梁、必要时设置的圈梁、柱间支撑、山墙抗风柱等的设置。

3）屋顶结构布置图。包括屋面梁、板、挑檐、圈梁等的设置、材料选用、配筋及构造要求；工业建筑包括屋架、屋面板、屋面支撑系统、天沟板、天窗架、天窗屋面板、天窗支撑系统的选型、布置和细部构造要求。

（3）细部构造详图。一般构造详图是和平面结构布置图一起绘制和编排的。主要反映基础、梁、板、柱、楼梯、屋架、支撑等的细部构造做法和适用的材料，特殊情况下包括施工工艺和施工环境条件等内容。

5. 在钢筋混凝土框架结构中板块集中标注包括哪些内容？

答：板块集中标注就是将板的编号、厚度、X 和 Y 两个方向的配筋等信息在板中央集中表示的方法。标注内容包括板块编号、板厚、双向贯通筋及板顶面高差。对于普通楼（屋）面板两向均单独看作为一跨作为一个板块；对于密肋楼（屋）面板，两方向主梁（框架梁）均以一跨作为一个板块（非主梁的密肋次梁不视为一跨）。需要注明板的类型代号和序号，例如楼面板 4，标注时写为 LB4；屋面板 2，标注时写为 WB2；延伸悬挑板 1，标注时写为 YXB1；纯悬挑板 6，标注时写为 XB6 等。构造上应注意延伸悬挑板的上部受力钢筋应与相邻跨内板的上部纵向钢筋连通配置。板厚用 $h=\times\times\times$ 表示，单位为 mm，一般省略不写；当悬挑板端和板根部厚度不一致时，注写时在等号后先写根部厚度，加注斜线后写板端的厚度，即 $h=\times\times\times/\times\times\times$。贯通纵筋按板块的下部和上部分别标注，板块上部没有贯通筋时可不标注。板的下部贯通筋用 B 表示，上部贯通筋用 T 表示，B&T 代表下部与上部均配有同一类型的贯通筋；X 方向的贯通筋用 X 打头，Y 方向的贯通筋用 Y 打头，双向均设贯通筋时用 X&Y 打头。

单向板中垂直于受力方向的贯通的分布钢筋设计中一般不标注，在图中统一标注即可。

板面标高高差是指相对于结构层楼面标高的高差，楼板结构层有高差时需要标注清楚，并将其写在括号内。

6. 在钢筋混凝土框架结构中板支座原位标注包括哪些内容？

答：板支座原位标注的内容主要包括板支座上部非贯通纵筋和纯悬挑板上部受力钢筋。

板支座原位标注的钢筋一般标注在配置相同钢筋的第一跨内，当在两悬挑部位单独配置时就在两跨的原位分别标注。在配置相同钢筋的第一跨或悬挑部位，用垂直于板支座一段适宜长度的中粗实线表示，当该钢筋通常设置在悬挑板上部或短跨上部时，该中粗实线应通至对边或贯通短跨；用上述中粗实线代表支座上部非贯通筋，并在线段上方注写钢筋编号，配筋值，括号内注写横向连系布置的跨数（××），如果只有一跨可不注写；（××A）代表该支座上部横向贯通筋在横向贯通的跨数和一端布置到了梁的悬挑端；（××B）代表该横向贯通的跨数和两端布置到了梁的悬挑端。

板支座上部非贯通钢筋伸入左右两侧跨内长度相同时只在一

侧表示该钢筋的中粗线的下方标写伸入长度即可，如果伸入两侧长度不同则要分别标写清楚。板的上部非贯通钢筋和纯悬挑板上部的受力钢筋一般仅在一个部位注写，对于其他相同的非贯通钢筋，则仅在代表钢筋的线段上部注写编号及横向连续布置的跨数即可。对于弧形支座上部配置的放射状的非贯通筋，设计时应标明配筋间距的度量位置并加注"放射分布"字样。

7. 在钢筋混凝土框架结构中柱的列表标注包括哪些内容？

答：柱列表注写方式是指在柱平面布置图上，在编号相同的柱中选择一个或几个截面标注该柱的几何参数代号；在柱表中注写柱号，柱段的起止标高，几何尺寸和柱的配筋，并配以箍筋类型图的方式来表示柱平法施工图。在结构设计时，柱表注写的内容主要包括：柱编号、柱的起止标高、柱几何尺寸和对轴线的偏心、柱纵筋、柱箍筋等主要内容。

（1）柱编号

柱的编号由类型代号和序号两部分组成，类型代号表示的是柱的类型，例如框架柱类型代号为 KZ，框支柱类型代号为 KZZ，芯柱的类型代号为 XZ，梁上柱类型代号为 LZ，剪力墙上柱类型代号为 QZ。由此可见柱的类型代号也是其名称汉语拼音字母的大写。序号是设计者依据自己习惯或设计顺序给每类柱所编的排序号，一般用小写阿拉伯数字表示，编号时，当柱的总高、分段截面尺寸和配筋都对应相同，但是柱分段截面与轴线的关系不同时，可以将这些柱编成相同的编号。

（2）柱的起止标高

①各段起止标高的确定：各个柱段的分界线是自柱根部向上开始，钢筋没有改变到第一次变截面处的位置，或从该段底部算起柱内所配纵筋发生改变处截面作为分段界限分别标注。②柱根部标高：框架柱（KZ）和框支柱（KZZ）的根部标高为基础顶面标高；芯柱（XZ）的根部标高是指根据实际需要确定的起始位置标高；梁上柱（LZ）的根部标高为梁的顶面标高；剪力墙

上的柱的根部标高分两种情况：一是当柱纵筋锚固在墙顶时，柱根部标高为剪力墙顶面标高；当柱与剪力墙重叠一起时，柱根部标高为剪力墙顶面往下一层的结构楼面标高。

（3）柱几何尺寸和对轴线的偏心

1）矩形柱：矩形柱的注写截面尺寸 $b×h$ 及与轴线的几何参数代号 b_1、b_2 和 h_1、h_2 的具体数值，一般对应于各段柱分别标注。其中 $b=b_1+b_2$，$h=h_1+h_2$。当柱截面的某一侧收缩至与柱轴线重合时，对应的几何参数 b_1、b_2 和 h_1、h_2 对应的值就为 0；当其中某一侧收缩到柱轴线另一侧时该对应的参数变为负值。

2）圆柱：柱表中 $b×h$ 改为在圆柱直径数字之前加 d 表示。设计中为了使表达的更简单，圆柱形截面与轴线的关系用 b_1、b_2 和 h_1、h_2 表示，即 $d=b_1+b_2=h_1+h_2$。

（4）柱内纵筋

当柱纵筋直径相同、各边根数也相同时，将纵筋注写在"全部纵筋"一栏中，除此之外，纵筋分为角筋、截面 b 边中部筋和 h 边中部钢筋三类，要分别注写。对于对称配筋截面柱只需要注写一侧的中部筋，对称边可以省略。

（5）柱箍筋类型号

对于箍筋宜采用列表注写法，在柱表中按图选择相应的柱截面形状及箍筋类型号，并注写在表中。

（6）柱箍筋

包括箍筋的级别、直径和间距。在具有抗震设防的柱上下端箍筋加密区与柱中部非加密区长度范围内箍筋的不同间距，在注写时用斜线符号"/"加以区分，斜线前是加密区的箍筋间距，斜线后为非加密区箍筋的间距。箍筋沿柱高间距不变时不需要斜线。例如，某柱箍筋注写为 Φ10@100/200，表示箍筋采用的是 HPB300 级钢筋，箍筋直径为 10mm，柱端加密区箍筋加密区箍筋间距 100mm，非加密区箍筋间距为 200mm。

当柱截面为圆形时，采用螺旋箍筋时，在钢筋前加"L"。例如，某柱箍筋标注为 LΦ10@100/200，表示该柱采用螺旋箍筋，箍筋为 HPB300 级钢筋，为Φ10mm，加密区间距 100mm，非加密区间距为 200mm。抗震设防时的柱端钢筋加密区的长度根据《建筑抗震设计规范》GB 50011—2010 的规定，参照标准构造详图，在几种不同要求的长度中取最大值。

8. 在钢筋混凝土框架结构中柱的截面标注包括哪些内容？

答：在施工图设计时，在各标准层绘制的柱平面布置图的柱截面上，分别在相同编号的柱中选择一个截面，将截面尺寸和配筋数值直接标注在选定的截面上的方式，称为柱截面注写方式。采用柱截面注写法绘制柱平法施工图时应注意以下事项。

（1）当柱的分段截面尺寸和配筋均相同，仅分段截面与轴线的关系即柱偏心情况不同时，这些柱采用相同的编号。但需要在未画配筋的截面上注写该柱截面与轴线关系的具体尺寸。

（2）按平法绘制施工图时，从相同编号的柱中选择一个截面，按需要的比例原位放大绘制柱截面配筋图，并在各配筋图上柱编号的后面注写截面尺寸 $b×h$、全部纵筋（全部纵筋为同一直径）、角筋、箍筋的具体数值，另外在柱截面配筋图上标注柱截面与轴线关系 b_1、b_2、h_1、h_2 的具体数值。

（3）当柱纵筋采用两种直径时，将截面各边中部纵筋的具体数值注写在截面的侧边；当矩形截面柱采用对称配筋时，仅在柱截面一侧注写中部纵筋，对称边则不注写。

9. 在框架结构中梁的集中标注包括哪些方法？

答：梁的集中标注方式是指在梁平面布置图上，分别在不同编号的梁中各选一根，将截面尺寸和配筋的具体数值集中标注在该梁上，以此来表达梁平面的整体配筋的方法。例如图 1-1 中Ⓔ轴线的框架柱，将梁的共有信息采用集中标注的方法标注在①～②轴线间梁段的上部。

梁集中标注各符号代表的含义如图 1-2 所示。

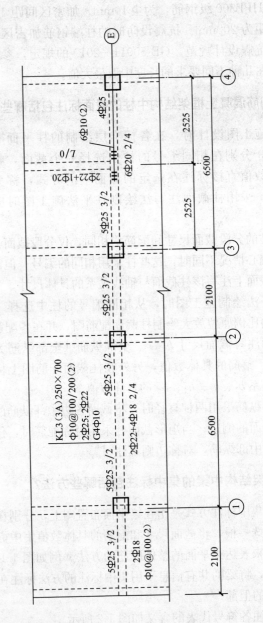

图 1-1 梁的集中与原位标注

梁的集中标注表达梁的通用数值，它包括 5 项必注值和一项选注值。必注值包括梁的编号、梁的截面尺寸、梁箍筋、梁上部通长筋或架立筋、梁侧面纵向构造钢筋或受扭钢筋的配置；选注值为梁顶面标高高差。

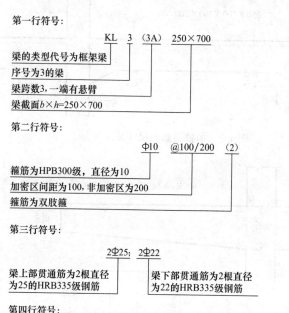

图 1-2　梁集中标注各符号代表的含义

（1）梁编号

梁编号由梁类型代号、序号、跨数及有无悬挑几项组成。

（2）梁截面尺寸

等截面梁用 $b×h$ 表示；加腋梁用 $b×hYC_1×C_2$ 表示，其中 C_1 为腋长，C_2 为腋高，如图 1-3 所示。但在多跨梁的集中标注已经注明加腋，但其中某跨的根部不需要加腋时，则通过在该跨原位标注等截面的 $b×h$ 来修正集中标注的加腋信息。悬挑梁根部和端部的截面高度不同时，用斜线分隔根部与端部的高度数值，即 $b \times h_1/h_2$，其中 h_1 是梁根部厚度，h_2 是梁端部厚度，如图 1-4 所示。

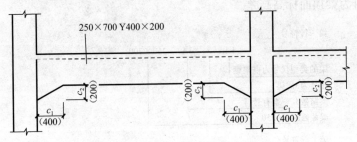

图 1-3　加腋梁截面尺寸及注写方法

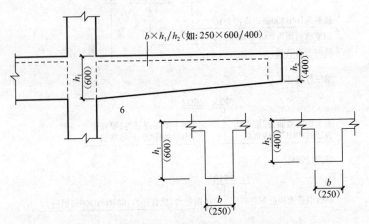

图 1-4　悬挑梁不等高截面尺寸注写方法

（3）梁箍筋

梁箍筋需标注钢筋级别、直径、加密区与非加密区间距及箍筋肢数，箍筋肢数写在标注数值最后的括号内。梁箍筋加密区与非加密区的不同间距及肢数用斜线"/"分隔，写在斜线前面的数值是箍筋加密区的间距，写在斜线后的数值是箍筋非加密区的间距。梁上箍筋间距没有变化时不用斜线分隔。当加密区箍筋肢数相同时，则将箍筋肢数注写一次。

（4）梁上通长筋或架立筋

梁上通长钢筋是根据梁受力以及构造要求配置的，架立筋是根据箍筋肢数和构造要求配置的。当同排纵筋中既有通长筋也有架立筋时用"＋"将通常筋和架立筋相连，注写时将角部纵筋写在加号前，架立筋写在加号后面的括号内，以此来区别不同直径的架立筋和通长筋，如果两上部钢筋均为架立筋时，则写入括号内。

在当大多数跨配筋相同时，梁上部和下部纵筋均为通长筋时，在标注梁上部钢筋时同时标写下部钢筋，但要在上部和下部钢筋之间加"；"用其将梁上部和下部通长纵筋的配筋值分开。

例如，某梁上部钢筋标注 2Φ20，表示用于双肢箍；若标注为"2Φ20（2Φ12）"，表示其中 2Φ20 为通长筋，2Φ12 为架立筋。

例如，某梁上部钢筋标注为"2Φ25；2Φ20"，表示该梁上部配置的通长筋为 2Φ25，梁下部配置的通长筋为 2Φ20。

（5）梁侧面纵向构造筋或受扭钢筋

《混凝土结构设计规范》GB 50010 规定，当梁的腹板高度 $h_w \geq 450mm$ 时，在梁的两个侧面应沿高度方向配置纵向构造钢筋，标写时第一字符应为构造钢筋汉语拼音第一个字母的大写 G，其后注写设置在梁两侧的总配筋值，并对称配筋。

例如，某梁侧向钢筋标注 G6Φ14，表示该梁两侧分别对称配置纵向构造钢筋 3Φ14，共 6Φ14。

当梁承受扭矩作用需要设置沿梁截面高度方向均匀对称配置的抗扭纵筋时，标注时第一个字符为扭转的扭字汉语拼音的第一个字母的大写"N"，其后标写配置在梁两侧的抗扭纵筋的总配筋值，并对称配置。

例如，某梁侧向钢筋标注 N6Φ22，表示该梁的两侧配置分别 3Φ22 纵向受扭箍筋，共配置 6Φ22。

（6）梁顶顶面标高高差

梁顶顶面标高不在同一高度时，对于结构夹层的梁，则是指相对于结构夹层楼面标高的高差。有高差时，将此项高差标注在括号内，没有高差则不标注，梁顶面高于结构层的楼面标高，则标高高差为正值，反之为负值。

10. 在框架结构中梁的原位标注包括哪些方法？

答：这种标注方法主要用于梁支座上部和下部纵筋。顾名思义就是将梁支座上部的和下部的纵向配置的钢筋标注在梁支座部位的平法标注方法。

（1）梁支座上部纵筋

梁支座上部纵筋包括用通长配置的纵筋和梁上部单独配置的抵抗负弯矩的纵筋，以及为截面抗剪设置的弯起筋的水平段等。

1）当梁的上部纵筋多于一排时，用斜线"/"将各排纵筋自上而下隔开，斜线前表示上排钢筋，斜线后表示下排钢筋。例如，图1-1中KL3在①轴支座处，计算要求梁上部布置5Φ25纵筋，按构造要求钢筋需要配置成上下两排，原位标注为5Φ25 3/2，表示上一排纵筋为3Φ25的HRB335级钢筋，下一排为2Φ25的HRB335级钢筋。

2）当梁的上部和下部同排纵筋直径在两种以上时，在注写时用"＋"号将两种及以上钢筋连在一起，角部钢筋写在前边。例如图1-1中L10在（E）轴支座处，梁上部纵筋注写为2Φ22＋1Φ20，表示此支座处梁上部有3根纵筋，其中角部纵筋为2Φ22，中间一根为1Φ20。

3）当梁中间支座两边的上部纵筋不同时，须在支座两边分别标注；梁支座两边配筋相同时，可仅在支座一边标注配筋即可。

4）当梁上部纵筋跨越短跨时，仅将配筋值标注在短跨梁上部中间位置。例如，图1-1中KL3在②轴与③轴间梁上部注写5Φ25 3/2，表示②轴和③轴支座梁上部纵筋贯穿该跨。

（2）梁支座下部纵筋

梁支座下部纵向钢筋原位标注方法包括如下规定。

1）当梁的下部纵筋多于一排时，用斜线"/"将各排纵筋自上而下隔开，斜线前表示上排钢筋，斜线后表示下排钢筋。例如，图 1-1 中 KL3 在③轴和④轴间梁的下部，计算需要配置 6Φ20 的纵筋，按构造要求需要配置成两排，故原位标注为 6Φ20 2/4，表示上一排纵筋为 2Φ20 的 HRB335 级钢筋，下一排为 4Φ20 的 HRB335 级钢筋。

2）当梁的下部同排纵筋有两种及以上直径时，在注写时用"+"号将两种及以上钢筋连在一起，角部钢筋写在前边。例如，图 1-1 中 KL3 在①轴和②间梁下部，据算需要配置 2Φ22+4Φ18 纵筋，表示此梁下部共有 6 根钢筋，其中上排筋为 2Φ18，下排角部纵筋 2Φ22，下排中部钢筋为 2Φ18。

3）当梁下部纵筋不全部伸入支座时，将梁支座下部纵筋减少的数量写在括号内。例如，某根梁的下部纵筋标注为 2Φ22+2Φ18(-2)/5Φ22，表示上排纵筋为 2Φ22 和 2Φ18，其中 2Φ18 不伸入支座；下一排纵筋为 5Φ22，且全部深入支座。

4）当梁的集中标注中已按规定分别标写了梁上部和下部均为通长的纵筋时，则不需要在梁下部重复作原位标注。

（3）附加箍筋和吊筋

当主次梁相交由次梁传给主梁的荷载有可能引起主梁下部被压坏时，在设计时在主次梁相交处一般设置有附加箍筋或吊筋，可将附加箍筋或吊筋直接画在主梁上，用细实线引注总配筋值。例如，图 1-1 中的 L10③轴和④轴间跨中 6Φ10（2），表示在轴支座处需配置 6 根附加箍筋（双肢箍），L10 的两侧各 3 根，箍筋间距按标准构造取用，一般为 50mm。在一份图纸上，绝大多数附加箍筋和吊筋相同时，可在两平法施工图上统一注明，少数与统一注明不同时，再进行原位标注。

（4）例外情况

当梁上集中标注的内容不适于某跨或某悬挑部分时，则将其不同数值原位标注在该跨或悬挑部分，施工时按原位标注的数值取用。其中梁上集中标注的内容一般包括梁截面尺寸、箍筋、上部通长筋或架立筋、梁两侧纵向构造筋或受扭纵筋，以及梁顶面标高高差中的某一项或几项数值。例如，图1-1中①轴左侧梁悬挑部分，上部注写的5Φ25，表示悬挑部分上部纵筋与①轴支座右侧梁上部纵筋相同；下部注写2Φ18表示悬挑部分下部纵筋为2Φ18的HRB335级钢筋。Φ10@100（2）表示悬挑部分的箍筋通长为直径10mm，间距100mm的双肢箍。

梁截面注写方式是指在分标准层绘制的梁平面布置图上，分别在不同编号的梁中各选一根梁用剖面符号标出配筋图，并在其上注写截面尺寸和配筋具体数值的表示方式，如图1-5所示。

11. 建筑施工图的识读方法与步骤各有哪些内容？

答：建筑施工图识读方法与步骤包括了如下内容：

（1）宏观了解建筑施工图。

读懂设计总说明和建筑设计说明，对其建筑平面布置、立面布置、建筑功能以及功能划分、柱网尺寸、层高有一个基本掌握，对有地下层的建筑弄懂地下层的功能、平面尺寸和层高，了解基础的基本类型。对墙体材料和墙面保温及饰面材料有一个基本了解；同时了解房屋其他专业设计图纸和说明。

（2）认真研读和弄懂建筑设计总说明。

建筑设计说明是对本工程建筑设计的概括性的总说明，也是将建筑设计图纸中共性问题和个别问题用文字进行的表述。同时，对于设计图纸中采用的国家标准和地方标准，建筑防火等级，抗震等级及设防烈度，需要强调的主要材料的性能要求等提出了具体要求。简单说就是对建筑设计图纸的进一步说明和强调，也是建筑设计的思想和精髓所在。因此，在读识建筑施工图之前需要认真读懂建筑设计说明。

（3）弄懂地基基础的类型和定位放线的详细内容。

有地下层时弄清地下层的功能和布局及分工，有特殊功能要求时要满足专用规范的设计要求，如人防地下室、地下车库等。

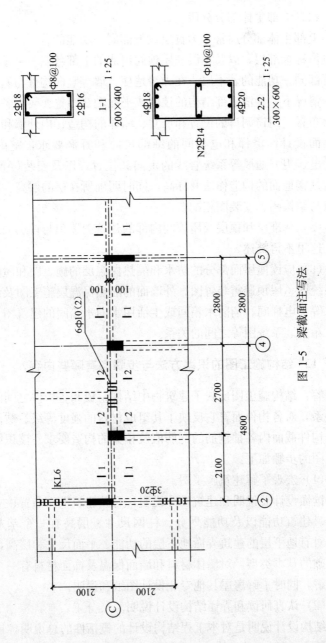

图 1-5 梁截面注写法

（4）上部主体部分分段。

上部主体部分通常分为首层或下部同一功能的若干层，中间层也俗称标准层，以及顶层和屋顶间组成的上部各层。对于首层或下部同一功能的若干层，在弄清楚柱、墙等竖向构件与基础连接的情况下，弄清上部结构的柱网或平面轴线布置。明确各层的平面布置、门窗洞口的位置和尺寸、墙体的构造、内外墙和顶棚的饰面设计，楼梯和电梯间的细部尺寸和开洞要求，室内水、暖、电、卫、通风等系统管线的走向和位置，以及安装位置等，弄清楚楼地面的构造作法及标高，同时明确所在层的层高。同时注意与结构图、安装图相配合。

（5）标准层和顶层及屋顶间内部的建筑图读识与首层大致相同，这里不再赘述。

（6）应读懂屋面部分的防水和隔热保温层的施工图和屋面排水系统图、屋顶避雷装置图、外墙面的隔热保温层施工图及设计要求等。电梯间、消防水箱间或生活用水的水箱间的建筑图及其与水箱安装系统图等之间的关系。

12. 结构施工图的识读方法与步骤各有哪些内容？

答：结构施工图反映了建筑物中结构组成和各构件之间的相互关系，对各构件而言它反映了其组成材料的强度等级、截面尺寸、构件截面内各种钢筋的配筋值及相关的构造要求。读识结构施工图的步骤如下：

（1）宏观了解建筑施工图。

读懂设计总说明和建筑设计说明，对其建筑平面布置、立面布置、建筑功能以及功能划分、柱网尺寸、层高有一个基本掌握，对有地下层的建筑弄懂地下层的功能、平面尺寸和层高，了解基础的基本类型。对墙体材料和墙面保温及饰面材料有一个基本了解，同时了解房屋其他专业设计图纸和说明。

（2）认真研读和弄懂结构设计说明。

结构设计说明是对本工程结构设计的概括性的总说明，也是将结构设计图纸中共性问题和个别问题用文字进行的表述。同时，对于设计图纸中采用的国家标准和地方标准，以及结构重要性等级，抗震等级及设防烈度，和需要强调的主要材料的强度等级和性能要求提出了具体要求。简单说，就是对结构设计图纸的进一步说明和强调，也是结构设计的思想和灵魂所在。因此，在读识结构施工图之前需要认真读懂结构设计说明。

（3）认真研读地质勘探资料。

地勘资料是地勘成果的汇总，它比较清楚地反映了结构下部的工程地质和水文地质详细情况，是进行基础施工必须掌握的内容。

（4）首先接触和需要看懂地基和基础图。

地基和基础图是房屋建筑最先施工的部分，在地基和基础施工前应首先对地基和基础施工的设计要求和设计图纸真正研读，弄清楚基础平面轴线的布置和基础梁底面和顶面标高位置，弄清楚地基和基础主要结构及构造要求，弄清楚施工工艺和施工顺序，为进行地基基础施工做好准备。

（5）标准层的结构施工图的读识。

主体结构通常分为首层或下部同一功能的若干层，中间层也俗称标准层，以及顶层和屋顶间组成的上部各层。对于首层或下部同一功能的若干层，在弄清楚柱、墙等竖向构件与基础连接的情况下，弄清上部结构的柱网或平面轴线布置。明确各结构构件的定位、尺寸、配筋、以及与本层相连的其他构件的相互关系，明确所在层的层高。按照梁、板、柱和墙的平法识图规则读识各自的结构上施工图。弄清楚电梯间和楼梯间与主体结构之间的关系。

（6）顶层及屋顶间的结构图读识与首层相同，这里不再赘述。

第四节　工程施工工艺和方法

1. 岩土的工程分类分为哪几类？

答：《建筑地基基础设计规范》GB 50007 规定：作为建筑物

地基岩土，可分为岩石、碎石土、砂土、粉土、黏性土和人工填土共六类。

岩石：岩石是指颗粒间牢固粘结，呈整体或具有节理裂隙额岩体。它具有以下性质：

（1）岩石的硬质程度

作为建筑地基的岩石除应确定岩石的地质名称外，还应根据岩石的坚硬程度，依据岩石的饱和单轴抗压强度将岩石分为坚硬岩、较硬岩、较软岩和极软岩。

（2）岩石的完整程度

岩石的完整程度划分为完整、较完整、较破碎、破碎和及破碎五类。

碎石土：是粒径大于 2mm 的颗粒含量超过全重 50％的土。碎石土根据颗粒含量及颗粒形状可分为漂石、块石、卵石或碎石、圆砾或角砾。

砂土：砂土是指粒径大于 2mm 的颗粒含量不超过全重 50％、粒径大于 0.075mm 的颗粒超过全重 50％的土。按粒组含量分为砾砂、粗砂、中砂、细砂和粉砂。

粉土：粉土是指介于砂土和黏土之间，塑性指数 $I_p \leqslant 10$ 且粒径大于 0.0075 的颗粒含量不超过全重的 50％的土。

黏性土：塑性指数 I_p 大于 10 的土称为黏性土，可分为黏土、粉质黏土。

人工填土：是指由于人类活动而形成的堆积物。其构成的物质成分较杂乱、均匀性较差。人工填土根据其组成和成因，可分为素填土、压实填土、杂填土、冲填土。素填土为由碎石土、砂土、粉土、黏土等组成的填土。压实填土是指经过压实或夯实的素填土。杂填土为含有建筑垃圾、工业废料、生活垃圾等杂物的填土。冲填土为由水力冲填泥砂形成的填土。

2. 常用地基处理方法包括哪些？它们各自适用哪些地基土？

答：地基处理的方法根据处理时间可分为临时处理和永久处

理；根据处理深度可分为浅层处理和深层处理；根据被处理土的特性，可分为砂土处理和黏土处理，饱和土处理和不饱和土处理。现阶段一般按地基处理的作用机理对地基处理方法进行分类。

（1）机械压实法

机械压实法通常采用机械碾压法、重锤夯实法、平板振动法。这种处理方法是利用了土的压实原理，把浅层地基土压实、夯实或振实。属于浅层处理。适用地基土为碎石、砂土、粉土、低饱和度的粉土与黏性土、湿陷性黄土、素填土、杂填土等地基。

（2）换土垫层法

换土垫层法通常的处理方法是采用砂石垫层、碎石垫层、粉煤灰垫层、干渣垫层、土或灰土垫层置换原有软弱地基土来湿陷地基处理的。其原理就是挖除浅层软弱土或不良土，回填碎石、粉煤灰垫、干渣垫、粗颗粒土或灰土等强度较高的材料，并分层碾压或夯实土，提高承载力和减少变形，改善特殊土的不良特性，属浅层处理。这种处理方法适用于淤泥、淤泥质土、湿陷性黄土、素填土、杂填土地基及暗沟、暗塘等的浅层处理。

（3）排水固结法

排水固结法对地基处理方法是采用天然地基和砂井及塑料排水板地基的堆载预压、降水预压、电渗预压等方法达到地基处理的。其原理是通过在地基中设置竖向排水通道并对地基施以预压荷载，加速地基土的排水固结和强度增长，提高地基稳定性，提前完成地基沉降。属深层处理。适用于深厚饱和软土和冲填土地基，对渗透性较低的泥炭土应慎用。

（4）深层密实法

深层密实法是通过采用碎石桩、砂桩、砂石桩、石灰桩、土桩、灰土桩、二灰桩、强夯法、爆破挤密法等对软弱地基土处理的一种方法。这种方法的原理是采用一定的技术方法，通过振动和挤密，使土体孔隙减少，强度提高，在振动挤密的过程中，回填砂、碎石、灰土、素土等，形成相应的砂桩、碎石桩、灰土桩、土桩等，并与地基土组成复合地基，从而提高强度，减少变形；强夯即利用强大的夯实功能，在地基中产生强烈的冲击波和动应力，迫使土体动力固结密实（在强夯过程中，可填入碎石，置换地基土）；爆破则为引爆预先埋入地基中的炸药，通过爆破使土体液化和变形，从而获得较大的密实度，提高地基承载能力，减少地基变形。这类地基处理方法属深层次处理。这种方法适用于松砂、粉土、杂填土、素填土、低饱和度黏性土及湿陷性黄土，其中强夯置换适用于软黏土地基的处理。

（5）胶结法

这种方法是对地基土采用注浆、深层搅拌和高压旋喷等方法，使地基土土体结构改变，从而达到改善地基土受力和变形性能的处理方法。这类处理方法是采用专门技术，在地基中注入泥浆液或化学浆液，使土粒胶结，提高地基承载力、减少沉降量、防止渗漏等；或在部分软土地基中掺入水泥、石灰等形成加固体，与地基土组成复合地基，提高地基承载力、减少变形、防止渗漏；或高压冲切土体，在喷射浆液的同时旋转，提升喷浆管，形成水泥圆柱体，与地基土组成复合地基，提高地基承载力，减少地基沉降量，防止砂土液化、管涌和基坑隆起等。这类处理方法适用于淤泥、淤泥质土、黏性土、粉土、黄土、砂土、人工填土地基；注浆法还可适用于岩石地基。

（6）加筋法

加筋法是采用土工膜、土工织物、土工格栅、土工合成物、土锚、土钉、树根桩、碎石桩、砂桩等对地基土加固的一种方法。它的原理是将土工聚合物铺设在人工填筑的堤坝或挡土墙内起到排水、隔离、加固、补强、反滤等作用；土锚、土钉等置于人工填筑的堤坝或挡土墙内可提高土体的强度和自稳能力；在软弱土层上设置树根桩、碎石桩、砂桩等，形成人工复合土体，用以提高地基承载力，减少沉降量和增加地基稳定性。这类方法适用于软黏土、砂土地基和人工填土及陡坡填土地基等的处理。

3. 基坑（槽）开挖、支护及回填主要事项各有哪些？

答：基坑工程根据其开挖和施工方法可分为无支护开挖和有支护开挖两种。有支护的基坑工程一般包括以下内容：围护结构、支撑体系、土方开挖、降水工程、地基加固、现场监测和环境保护工程。

有支护的基坑工程可以进一步分为无支撑围护和有支撑围护。无支撑围护开挖适合于开挖深度较浅、地质条件较好、周围环境保护要求较低的基坑工程，具有施工方便、工期短等特点。有支撑围护开挖适用于地层软弱、周围环境复杂、环境保护要求较高的深基坑开挖，但开挖机械的施工活动空间受限，支撑布置需要考虑适应主体工程施工，换拆支撑施工较复杂。

无支护放坡基坑开挖是空旷施工场地环境下的一种常见的基坑开挖方法，一般包括以下内容：降水工程、土方开挖、地基加固及土坡坡面保护。放坡开挖深度通常限于3～6m，如果大于这一深度，则必须采取分段开挖，分段之间应该设置平台，平台宽度2～3m。当挖土通过不同土层时，可根据土层情况改变放坡的坡率，并酌留平台。

基坑回填的回填和压实对保护基础和地基起决定性的作用。回填土的密实度达不到要求，往往遭到水冲灌使地基土变软沉陷，导致基础不均匀沉陷发生倾斜和断裂，从而引起建筑物出现裂缝。所以，要求回填土压实后的土方必须具有足够大的强度和稳定性。为此必须控制回填土含水量不超过最佳含水量。回填前必须将坑中积水、杂物、松土清除干净，基坑现浇混凝土应达到一定的强度，不致受填土影响而损失，方可回填。回填土料应符合设计要求。

房心土质量直接影响地面强度和耐久性。当房心土下沉时导致首层地面空鼓甚至开裂。房心土应合理选用土料，控制最佳含水量，严格按规定分层夯实，取样验收。房心回填土深度大于1.5m时，需要在建筑物外墙基槽回填土时采取防渗水措施。

4. 混凝土扩展基础和条形基础施工要点和要求有哪些?

答：混凝土基础施工工艺过程和注意事项包括：

（1）在混凝土浇灌前应先进行基底清理和验槽，轴线、基坑尺寸和土质应符合设计规定。

（2）在基坑验槽后应立即浇筑垫层混凝土，宜用表面振捣器进行振捣，要求表面平整。当垫层达到一定强度后，方可支模、铺设钢筋网。

（3）在基础混凝土浇灌前，应清理模板，进行模板的预验和钢筋的隐蔽工程验收。对锥形基础，应注意保证锥体斜面坡度的正确，斜面部分的模板应随混凝土的浇捣分段支设并顶压紧，以防模板上浮变形，边角处的混凝土必须注意捣实。严禁斜面部分不支模，用铁锹拍实。

（4）基础混凝土宜分层连续浇筑完成。

（5）基础上有插筋时，要将插筋加以固定，以保证其位置的正确。

（6）基础混凝土浇灌完，应用草帘等覆盖并浇水加以养护。

5. 筏板基础的施工要点和要求有哪些?

答：筏板基础的施工要点和要求包括：

（1）施工前如地下水位较高，可采用人工降低地下水位至基坑底以下不少于 500mm，以保证无水情况下进行基坑开挖和基础施工。

（2）施工时，可采用先在垫层上绑扎底板、梁的钢筋和柱子锚固插筋，浇筑底板混凝土，待达到设计强度的 25% 后，再在底板上支梁模板，继续浇筑完梁部分混凝土；也可采用底板和梁模板一次同时支好，混凝土一次连续浇筑完成，梁侧模板采用支架支承并固定牢固。

（3）混凝土浇筑时一般不留施工缝，必须留设时，应按施工缝要求处理，并应设置止水带。

（4）混凝土浇筑完毕，表面应覆盖和洒水养护不少于 7d。

（5）当混凝土强度达到设计强度的 30% 时，应进行基坑回填。

6. 箱形基础的施工要点和要求有哪些？

答：（1）基坑开挖，如地下水位较高，应采取措施降低地下水位至基坑底以下 500mm 处。当采用机械开挖时，在基坑底面标高以上保留 200～400mm 厚的土层，采用人工清槽。基坑验槽后，应立即进行基础施工。

（2）施工时，基础底板、内外墙和顶板的支模、钢筋绑扎和混凝土浇筑，可采用分块进行，其施工缝的留设位置和处理应符合钢筋混凝土工程施工及验收规范有关要求，外墙接缝应设止水带。

（3）基础的底板、内外墙和顶板宜连续浇筑完毕。如设置后浇带，应在顶板浇筑后至少两周以上再施工，使用比设计强度高一级的细石混凝土。

（4）基础施工完毕，应立即进行回填土。

7. 砖基础施工工艺要求有哪些？

答：砖基础砌筑前，应先检查垫层施工是否符合质量要求，然后清扫垫层表面，将浮土和垃圾清除干净。砌基础时可以皮数杆先砌几皮转角及交接处的砖，然后在其间拉准线砌中间部分。若砖基础不在同一深度，则应先由底往上砌筑。在砖基础高低台阶接头处，下台面台阶要砌一定长度（一般不小于 500mm）实砌体，砌到上面后和上面的砖一起退台。

基础墙的防潮层，如设计无具体要求，宜用 1：2.5 的水泥砂浆加适量的防水剂铺设，其厚度一般为 20mm。抗震设防地区的建筑物，不用油毡做基础墙的水平防潮层。

8. 钢筋混凝土预制桩基础施工工艺和技术要求各有哪些？

答：钢筋混凝土预制桩根据施工工艺不同可分为锤击沉桩法

和静力压桩法，它们各自的施工工艺和技术要求分别为：

（1）锤击沉桩法

锤击沉桩法也称为打入法，是利用桩锤下落产生的冲击能克服土对桩的阻力，使桩沉到预定深度或达到持力层。

1）施工程序：确定桩位和沉桩顺序→打桩机就位→吊桩喂桩→校正→锤击沉桩→接桩→再锤击沉桩→送桩→收锤→切割桩头。

2）打桩时，应用导板夹具或桩箍将桩嵌固在桩架内。将桩锤和桩帽压在桩顶，经水平和垂直度校正后，开始沉桩。

3）开始沉桩时应短距轻击，当入土一定深度并待桩稳定后，再按要求的落距沉桩。

4）正式打桩时，宜用"重锤底击"，"低提重打"，可取得良好效果。

5）桩的入土深度控制，对于承受轴向荷载的摩擦桩，以桩端设计标高为主，贯入度作为参考；端承桩则以贯入度为主，桩端设计标高作为参考。

6）施工时，应注意做好施工记录。

7）打桩时还应注意观察：打桩入土的速度、打桩架的垂直度、桩锤回弹情况、贯入度变化情况。

8）预制桩的接桩工艺主要有硫磺胶泥浆锚法接桩、焊接法接桩和法兰螺栓接桩法三种。前一种适用于软土层，后两种适用于各种土层。

（2）静力压桩法

1）静力压桩的施工一般采取分段压入、逐段接长的方法。施工程序为：测量定位→压桩机就位→吊桩插桩→桩身对中调直→静压沉桩→接桩→在静压沉桩→终止压桩→切割桩头。

2）压桩时，用起重机将预制桩吊运或用汽车运至桩机附近，再利用桩机自身设置的起重机将其吊入夹持器中，夹持油缸将桩从侧面夹紧，即可开动压桩油缸。先将桩压入土中 1m 后停止，矫正桩在互相垂直的两个方向垂直度后，压桩油缸继续伸程动作，把桩压入土中。伸长完成后，夹持油缸回程松夹，压桩油缸回程。重复上述动作，可实现连续压桩操作，直至把桩压入预定深度土层中。

3）压同一根（节）桩时应连续进行。

4）在压桩过程中要认真记录桩入土深度和压力表读数的关系，以判断桩的质量和承载力。

5）当压力数字达到预先规定数值，便可停止压桩。

9. 混凝土灌注桩的种类及其施工工艺流程各有哪些？

答：混凝土灌注桩是一种直接在现场桩位上就地成孔，然后在孔内浇筑混凝土或安放钢筋笼再浇筑混凝土而成的桩。按其成孔方法不同，可分为钻孔灌注桩、沉管灌注桩、人工挖孔灌注桩、爆扩灌注桩等。

（1）钻孔灌注桩。钻孔灌注桩是指利用钻孔机械钻出桩孔，并在孔中浇筑混凝土（或先在孔中放入钢筋笼）而成的桩。根据钻孔机械的钻头是否在土的含水层中施工，又分为泥浆护壁成孔和干作业成孔两种施工方法。

1）泥浆护壁成孔灌注桩施工工艺流程：测定桩位→埋设护筒→制备泥浆→成孔→清空→下钢筋笼→水下浇筑混凝土。

2）干作业成孔灌注桩施工工艺流程：测定桩位→钻孔→清孔→下钢筋笼→浇筑混凝土。

（2）沉管灌注桩。沉管灌注桩是指利用锤击打桩法或振动打桩法，将带有活瓣式桩尖或预制钢筋混凝土桩靴的钢管沉入土中，然后边浇筑混凝土（或先在管中放入钢筋笼）边锤击边振动边拔管而成的桩。前者称为锤击沉管灌注桩，后者称为振动沉管灌注桩。

1）沉管灌注桩成桩过程为：桩基就位→锤击（振动）沉管→上料→边锤击（振动）边拔管并继续浇筑混凝土→下钢筋笼并继续浇筑混凝土及拔管→成桩。

2）夯压成型沉管灌注桩。夯压成型沉管灌注桩简称为夯压桩，是在普通锤击沉管灌注桩的基础上加以改进发展起来的新型桩。它是利用打桩锤将内钢管沉入土层中，由内夯管夯扩端部混凝土，使桩端形成扩大头，再灌注桩身混凝土，用内夯管和夯锤顶压在管内混凝土面形成桩身混凝土。

（3）人工挖孔灌注桩。人工挖孔灌注桩是指桩孔采用人工挖掘方法进行成孔，然后安装钢筋笼，浇筑混凝土而成的桩。为了确保人工挖孔灌注桩施工过程中的安全，施工时必须考虑预防孔壁坍塌和流砂现象的发生，制定合理的护壁措施。护壁方法可以采用现浇混凝土护壁、喷射混凝土护壁、砖砌体护壁、沉井护壁、钢套管护壁、型钢或木板桩工具式护壁等多种。以下以应用较广的现浇混凝土分段护壁为例说明人工成孔灌注桩的施工工艺流程。

人工成孔灌注桩的施工程序是：场地整平→放线、定桩位→挖第一节桩孔土方→支模浇筑第一节混凝土护壁→在护壁上二次投测标高及桩位十字轴线→安放活动井盖、垂直运输架、起重卷扬机或电动葫芦、活底吊木桶、排水、通风、照明设施等→第二节桩身挖土→清理桩孔四壁，校核桩孔垂直度和直径→拆除上节模板、支第二节模板、浇筑第二节混凝土护壁→重复第二节挖土、支模、浇筑混凝土护壁工序，循环作用直至设计深度→进行扩底（当需扩底时）→清理虚土、排除积水、检查尺寸和持力层→吊放钢筋笼就位→浇筑柱身混凝土。

10. 脚手架施工方法及工艺要求各有哪些主要内容？

答：脚手架施工方法及工艺要求包括脚手架的搭设和拆除两个方面。

（1）脚手架的搭设包括

1）脚手架搭设的总体要求。

2）确定脚手架搭设顺序。

3）各部位构件的搭设技术要点及搭设时的注意事项。

（2）确定脚手架的拆除工艺

1）拆除作业应按搭设的相反顺序自上而下逐层进行，严禁上下同时作业。

2）每层连墙件的拆除，必须在其上全部可拆杆件全部拆除以后进行，严禁先松开连墙杆，再拆除上部杆件。

3）凡已松开连接的杆件必须及时取出、放下，以避免作业人员疏忽误靠引起危险。

4）拆下的杆件、扣件和脚手板应及时吊运至地面，禁止自架上向下抛掷。

11. 砖墙砌筑技术要求有哪些？

答：全墙砌砖应平行砌起，砖层正确位置除用皮数杆控制外，每楼层砌完后必须校对一次水平、轴线和标高，在允许偏差范围内，其偏差值应在基础或楼板顶面调整。砖墙的水平灰缝厚度一般在 10mm，但不小于 8mm，也不大于 12mm。水平灰缝砂浆饱满度不低于 80%，砂浆饱满度用百格网检查。竖向灰缝宜用挤浆或加浆方法，使其灰缝饱满，严禁用水冲浆灌缝。

砖墙的转角处和交接处应同时砌筑。不能同时砌筑处，应砌成斜槎，斜槎长度不应小于高度的 2/3。非抗震区及抗震设防为 6 度、7 度地区，如临时间断处留槎确有困难，除转角处外，也可以留直槎，但必须做成阳槎，并加设拉结筋。拉结筋的数量为每 120mm 厚设 1 根直径 6mm 的 HPB300 级钢筋（240mm 厚墙放置两根直径 6mm 的 HPB300 级钢筋）；间距沿墙高度方向不得超过 500mm；埋入长度从墙的留槎处算起，每边均不应小于 500mm，对抗震设防 6 度、7 度的地区，不应小于 1000mm；末端应有 90°的弯钩，抗震设防地区建筑物临时间断处不得留槎。

宽度小于 1m 的窗间墙，应选用整砖砌筑，半砖和破损的砖，应分散使用于墙心或受力较小的部位。不得在下列墙体或部位中留设脚手眼：①空斗墙、半砖墙和砖柱；②砖过梁上与过梁成 60°的三角形范围及过梁净跨 1/2 高度范围内；③宽度小于 1m 的窗间墙；④梁或梁垫下及其左右各 500 mm 的范围内；⑤砖砌体的门窗洞口两侧 200mm（石砌体为 300mm）和转角处 450mm（石砌体为 60mm）的范围内。施工时在砖墙中留置的临时洞口，其侧边离交接处的墙面不应小于 500mm，洞口净宽不应超过 1m，洞口顶部宜设置过梁。抗震设防为 9 度地区的建筑物，临时洞口的设置应会同设计单位研究决定。临时洞口应做好补砌。

每层承重墙最上一皮砖，在梁或梁垫的下面，应用丁砖砌筑；隔墙与填充墙的顶面与上层结构的接触处，宜用侧砖或立砖斜砌挤紧。

设有钢筋混凝土构造柱的多层砖房，应先绑扎钢筋，而后砌砖墙，最后浇筑混凝土。墙与柱应沿高度方向每 500mm 设两根直径 6mm 的 HPB300 级拉结钢筋（一砖墙），每边伸入墙内不应少于 1m；构造柱应与圈梁连接；砖墙应砌成马牙槎，每一马牙槎沿高度方向的尺寸不超过 300mm，马牙槎从每层砖柱脚开始，应先退后进。该层构造柱混凝土浇筑完之后，才能继续上一层的施工。

砖墙每天砌筑高度以不超过 1.8m 为宜，雨期施工时，每天砌筑高度不宜超过 1.2m。

12. 砖砌体的砌筑方法有哪些？

答：砖砌体的砌筑方法有"三一"砌砖法、挤浆法、刮浆法和满口灰法四种。下面介绍最常用的"三一"砌砖法、挤浆法。

（1）"三一"砌砖法。即是一块砖、一铲灰、一揉压并随手将挤出的砂浆刮去的砌筑方法。这种砌筑方法的优点是：随砌随铺，随即挤揉，灰缝容易饱满，粘结力好，同时在挤砌时随即刮去挤出墙面的砂浆，使墙面保持整洁。所以，砌筑实心砖墙宜采用"三一"砌砖法。

（2）挤浆法。用灰勺、大铲或铺灰器在墙顶铺一段砂浆，然后双手拿砖或单手拿砖，用砖挤入砂浆中一定厚度之后把砖放平，达到下齐边，上齐线，横平竖直的要求。这种砌砖方法的优点是，可以连续挤砌几块砖，减少繁琐的动作；平推平挤可使灰缝饱满；效率高；保证砌筑质量。

13. 砌块砌体施工技术要求有哪些?

答：（1）编制砌块排列图。砌块吊装前应先绘制砌块排列图，以指导吊装施工和砌块准备。绘制时在立面图上用 1：50 或 1：30 的比例绘出横墙，然后将过梁、平板、大梁、楼梯、混凝土砌块等在图上标出，再将预留孔洞标出，在纵墙和横墙上画出水平灰线，然后按砌块错缝搭接的构造要求和竖缝的大小进行排列。以主砌块为主，其他各种型号砌块为辅，以减少吊次，提高台班产量。需要镶砖时，应整砖镶砌，而且尽量对称分散布置。砖的强度等级不应小于砌块的强度等级，镶砖应平砌，不宜侧砌和竖砌，墙体的转角处，不得镶砖；门窗洞口不宜镶砖。

砖块的排列应遵守下列技术要求：上下皮砌块错缝搭接长度一般为砌块长度的 1/2（较短的砌块必须满足这个要求），或不得小于砌块皮高的 1/3，以保证砌块牢固搭接，外墙转角及横墙交接处应用砌块相互搭接。如纵横墙不能互相搭接，则每二皮应设置一道钢筋网片。

砌块中水平灰缝厚度应为 10~15mm；当水平灰缝有配筋或柔性拉结条时，其灰缝厚度为 20~25mm。竖向灰缝的宽度为 10~20mm；当竖向灰缝宽度大于 30mm 时，应用强度等级不低于 C20 的细石混凝土填实；当竖灰缝宽度大于或等于 150mm，或楼层不是砌块加灰缝的整倍数时，都要用黏土砖镶砌。

（2）选择砌块安装方案。中小型砌块安装用的机械有台灵架、附有起重拔杆的井架、轻型塔式起重机等。根据台灵架安装砌块时的吊装线路分，有后退法、合拢法及循环法。

（3）机具准备除应准备好砌块垂直、水平运输和吊装的机械外，还要准备安装砌块的专用夹具和其他有关工具。

（4）砌块的运输及堆放。砌块的装卸可用少先式起重机、汽车式起重机、履带式起重机和塔式起重机等。砌块堆放应使场内运输线路最短。堆置场地应平整夯实，有一定泄水坡度，必要时开挖排水沟。砌块不宜直接堆放在地面上，应堆在草袋、炉渣垫层或其他垫层上，以免砌块底面弄脏。砌块的规格数量必须配套，不同类型分别堆放。砌块的水平运输可用专用砌块小车、普通平板车等。

14. 砌块砌体施工工艺有哪些内容？

答：砌块施工的主要工序是：铺灰、吊砌块、校正、灌缝等。

（1）铺灰。砌块墙体所采用的砂浆，应具有较好的和易性，砂浆稠度采用 50～80mm，铺灰应均匀平整，长度一般以不超过 5m 为宜，炎热的夏季或寒冷季节应按设计要求适当缩短，灰缝的厚度按设计规定。

（2）吊砌块就位：吊砌块一般用摩擦式夹具，夹砌块时应避免偏心。砌块就位时应使夹具中心尽可能与墙身中心线在同一垂直线上，对准位置徐徐落于砂浆层上，待砌块安放稳当后，方可松开夹具。

（3）校正。用垂球或托线板检查垂直度，用拉准线的方法检查水平度。校正时可用人力轻微推动砌块或用撬杠轻轻撬动砌块，自重在 150kg 以下的砌块可用木锤锤击偏高处。

（4）灌缝。竖缝可用夹板在墙体内夹住，然后灌砂浆，用竹片插或铁棒捣，使其密实。当砂浆吸水后用刮缝板把竖缝和水平缝刮齐。此后砌块一般不准撬动，以防止破坏砂浆的粘结力。

15. 砖砌体工程质量通病有哪些？预防措施各是什么？

答：砖砌体工程的质量通病和防治措施如下：

（1）砂浆强度偏低，不稳定。这类问题有两种情况：一种是砂浆标养试块强度偏低；二是试块强度不低，甚至较高，但砌体中砂浆实际强度偏低。标养试块强度偏低的主要原因是计量不准，或不按配比计量，水泥过期或砂及塑化剂质量低劣等。由于计量不准，砂浆强度离散性必然偏大。主要预防措施是：加强现场管理，加强计量控制。

（2）砂浆和易性差，沉底结硬。主要表现在砂浆稠度和保水性不合格，容易产生沉淀和泌水现象，铺摊和挤浆较为困难，影响砌筑质量，降低砂浆和砌块的粘结力。预防措施是：低强度砂浆尽量不用高强度水泥配制，不用细砂，严格控制塑化材料的质量和掺量，加强砂浆拌制计划性，随拌随用，灰桶中的砂浆经常翻拌、清底。

（3）砌体组砌方法错误。砖墙面出现数皮砖同缝（通缝、直缝）、里外两张皮，砖柱采用包心法砌筑，里外层砖互不相咬、形成周围通天缝等，影响砌体强度，降低结构整体性。预防措施是：对工人加强技术培训，严格按规范方法组砌，缺损砖应分散使用，少用半砖，禁用碎砖。

（4）墙面灰缝不平，游丁走缝，墙面凹凸不平。水平灰缝弯曲不平直，灰缝厚度不一致，出现"螺丝"墙，垂直灰缝歪斜，灰缝宽窄不匀，丁不压中（丁砖未压在顺砖中部），墙面凹凸不平。防止措施是：砌前应摆底，并根据砖的实际尺寸对灰缝进行调整；采用皮数杆拉线砌筑，以砖的小面跟线，拉线长度（15～20mm）超长时应加腰线。竖缝，每隔一定距离应弹墨线找平，墨线用线锤引测，每砌一步架用立线向上引伸，立线、水平线与线坠应"三线归一"。

（5）墙体留槎错误。砌墙时随意留槎，甚至是阴槎，构造柱马牙槎不标准，槎口以砖渣填砌，接槎砂浆填塞不严，影响接槎部位砌体强度，降低结构整体性。预防措施是：施工组织设计中应对留槎作统一考虑，严格按规范要求留槎，采用18层退槎砌法；马牙槎高度，标准砖留5皮，多孔砖留3皮；对于施工洞所留槎，应加以保护和遮盖，防止运料车碰撞槎子。

（6）拉结钢筋被遗漏。构造柱及接槎的水平拉结钢筋往往被遗漏，或未按规定布置；配筋砖缝砂浆不饱满，露筋年久易锈。预防措施是：拉结筋应作为隐藏检查项对待，应加强检查，并填写检查记录档案。施工中，对所砌部位需要配筋应一次备齐，以备检查有无遗漏。尽量采用点焊钢筋网片，适当增加砖缝砂浆厚度（以钢筋网片上下各有 2mm 保护层为宜）。

16. 砌块砌体工程质量通病有哪些？预防措施各是什么？

答：（1）砌块砌体裂缝。砌块砌体容易产生沿楼板水平裂缝，底层窗台中部竖向裂缝，顶层两端角部阶梯形裂缝及砌块周边裂缝等。预防措施是：为减少收缩，砌块出池后应有足够的静置时间（30～50d）；清楚砌块表面脱模剂及粉尘等；采用粘结力强、和易性好的砂浆砌筑，控制灰缝长度和灰缝厚度；设置芯柱、圈梁、伸缩缝，在温度、收缩比较敏感的部位配置水平钢筋。

（2）墙面渗水。砌块墙面及门窗框四周常出现渗水、漏水现象。预防措施是：认真检查砌块质量，特别是抗渗性能；加强灰缝砂浆饱满度控制；杜绝砌体裂缝；门窗洞周边嵌缝应在墙面抹灰前进行，而且要待固定门窗框的铁脚和砂浆或细石混凝土达到一定强度后进行。

（3）层高超高。层高实际高度与设计的高度的偏差超过允许偏差。预防措施是：保证配置砂浆的原料符合质量要求，并且控制灰缝的厚度和长度；砌筑前应根据砌块、梁、板的尺寸规格，计算砌块皮数，绘制皮数杆，砌筑时控制好每皮砌块的砌筑高度，对于原楼地面的标高误差，可在砌筑灰缝或圈梁、楼板找平层的允许误差内逐皮调整。

17. 常见模板的种类、特性及技术要求各是什么？

答：（1）模板的分类有按材料分类、按结构类型分类和按施工方法分类三种。

1）按材料分类。木模板、钢框木（竹）模板、钢模板、塑料模板、铝合金模板、玻璃模板、装饰混凝土模板、预应力混凝土薄板等。

2）按结构类型分类。分为基础模板、柱模板、梁模板、楼板模板、楼梯模板、墙模板、壳模板等。

3）按施工方法分类。分为现场拆装式模板、固定式模板和移动式模板。

（2）常见模板的特点。

1）木模板的优点是制作方便、拼接随意，尤其适用于外形复杂或异形混凝土构件，此外，由于导热系数小，对混凝土冬期施工有一定的保温作用。

2）组合钢模板轻便灵活，拆装方便，通用性较强，周转率高。

3）大型板工程结构整体性好，抗振性强。

4）滑升模板可节约大量模板，节省劳力、减轻劳动强度，降低工程成本，加快工程进度，提高了机械化程度，但钢材的消耗量有所增加，一次性投资费用较高。

5）爬升模板既保持了大模板墙面平整的优点，又保持了滑模利用自身设备向上提升的优点。

6）台模是一种大型工具式模板，整体性好，混凝土表面容易平整，施工速度快。

（3）模板的技术要求包括以下六个方面。

1）模板及其支架应具有足够的强度、刚度和稳定性；能可靠地承受浇筑混凝土的重量、侧压力以及施工荷载。

2）模板的接缝不应灌浆；在浇筑混凝土之前，木模板应浇水湿润，但模板内不应有积水。

3）模板与混凝土的接触面应该清理干净并涂隔离剂，但不得采用影响结构性能或妨碍装饰工程施工的隔离剂。

4）浇筑混凝土之前，模板内的杂物应该清理干净；对清水混凝土工程及装饰混凝土工程，应使用能达到设计效果的模板。

5）用作模板的地坪、胎膜等应平整光洁，不得产生影响构件质量的下沉、裂缝、起砂或起鼓。

6）对跨度不小于4m的钢筋混凝土现浇梁、板，其模板应按设计要求起拱；当设计无具体要求时，起拱高度宜为跨度的$1/1000 \sim 3/1000$。

18. 钢筋的加工和连接方法各有哪些?

答：（1）钢筋的加工

钢筋的加工包括调直、除锈、下料切断、接长、弯曲成型等。

1）调直。钢筋的调直可采用机械调直、冷拉调直，冷拉调直必须控制钢筋的冷拉率。

2）除锈。钢筋的除锈可以采用电动除锈机除锈、喷砂除锈、酸洗除锈、手工除锈，也可以在冷拉过程中完成除锈工作。

3）下料切断。可用钢筋切断机及手动液压切断机。

4）钢筋弯折成型一般采用钢筋弯曲机、四头弯曲机及钢筋弯箍机，也可以采用手摇扳手、卡盘及扳手弯制钢筋。

（2）钢筋连接方法的分类和特点

钢筋的连接有焊接、机械连接和绑扎连接三类。

1）钢筋常用的焊接方法有：闪光对焊、电弧焊、电渣压力焊、电阻电焊、电弧压力焊和钢筋气压焊。焊接连接可节约钢材，改善结构受力性能，提高工效同时降低成本。

2）机械加工连接有套筒挤压连接法、锥螺纹和直螺纹连接法。

① 套筒挤压连接法的优点是接头强度高、质量稳定可靠、安全、无明火，不受气候影响，适用性强；缺点是设备移动不便，连接速度慢。

② 锥螺纹连接法现场操作工序简单、速度快、应用范围广，不受气候影响，但现场施工的锥螺纹的易产生漏扭或扭紧不准，丝扣松动对接头强度和变形有很大影响。

③ 直螺纹连接法不存在扭紧力矩对接头质量的影响，提高了连接的可靠性，也加快了施工速度。

19. 混凝土基础、墙、柱、梁、板的浇筑要求和养护方法各是什么?

答：（1）混凝土浇筑要求

混凝土浇筑要求包括以下几个方面：

1）浇筑混凝土时为了避免发生离析现象，混凝土自高处自由倾落的高度不应超过2m，自由下落高度较大时，应使用溜槽或串筒，以防止混凝土产生离析。溜槽一般用木板制成，表面包铁皮，使用时其水平倾角不宜超过30°。串筒用钢板制成，每节筒长700mm左右，用钩环连接，筒内设缓冲挡板。

2）为了使混凝土能够振捣密实，浇筑时应该分层浇筑、振捣，并在下层混凝土初凝之前，将上层混凝土浇筑并振捣完毕。如果在下层混凝土已经初凝以后，再浇筑上层混凝土，下层混凝土由于振动，已凝结的混凝土结构就会遭到破坏。

3）竖向构件（墙、柱）浇筑混凝土之前，底部应先填50～100mm厚与混凝土内砂浆成分相同的水泥砂浆。砂浆应用铁铲入模，不应用料斗直接倒入模内。浇筑墙体洞口时，要使洞口两侧混凝土高度大体一致。振捣时，振动棒应距洞口300mm以上，并从两侧同时振捣，以防止洞口变形。大洞口下部模板应开口并补充振捣。浇筑时不得发生离析现象。当浇筑高度超过3m时，应采用串筒、溜槽或振动串筒下落。

4）在一般情况下，梁和板的混凝土应同时浇筑。较大尺寸的梁（梁的高度大于1m）可单独浇筑，在浇筑与柱和墙连成整体的梁和板时，应在柱和墙浇筑完毕后停歇1～1.5h，使其获得初步沉实后，再继续浇筑梁和板。

5）由于技术上和组织上的原因，混凝土不能连续浇筑完毕，如中间间歇时间超过了混凝土的初凝时间，在这种情况下应留置施工缝。施工缝的位置应在混凝土浇筑之前确定，宜留在结构受剪力较小且便于施工的部位。柱应留水平缝，梁、板应留垂直缝。柱宜留在基础的顶面、梁或吊车梁牛腿的下面、吊车梁的上面、无梁板柱帽的下面；和板连接成整体的大截面梁，留置在板地面以下20～30mm处。单向板宜留置在平行于板的短边任何位置；有主梁的楼板，宜顺着次梁方向浇筑，施工缝应留置在次梁跨度中间1/3的范围内。墙留置在门洞口过梁跨中1/3范围内，也可留在纵横墙交接处，双向受力楼板、大体积混凝土结构、多层刚架、拱、薄壳、蓄水池、斗仓等复杂的工程，施工缝的位置应按设计要求留置。在浇筑施工缝处混凝土之前，施工缝处宜先铺水泥浆或与混凝土成分相同的水泥砂浆一层。浇筑时混凝土应细致捣实，使新旧混凝土紧密结合。浇筑混凝土时，应经常观察模板、支架、钢筋、预埋件和预留孔洞的情况。当发现有变形、移位时，应立即停止浇筑，并应在已浇筑的混凝土凝结前修整完好。浇筑混凝土时，应填写好施工记录。

（2）养护方法

混凝土的凝结硬化是水泥颗粒水化作用的结果，而水泥水化颗粒的水化作用只有在适当的温度和湿度条件下才能顺利进行。混凝土的养护就是创造一个具有合适的温度和湿度的环境，使混凝土凝结硬化，逐渐达到设计要求的强度。混凝土养护的方法如下。

1）自然养护是在常温下（平均气温不低于5℃）用适当的材料（如草帘）覆盖混凝土，并适当浇水，使混凝土在规定的时间内保持足够的湿润状态。混凝土自然养护应符合下列规定：在混凝土浇筑完毕后，应在12h以内加以覆盖和浇水；混凝土的浇水养护日期：硅酸盐水泥、普通硅酸盐水泥、矿渣硅酸盐水泥拌制的混凝土不得少于7d；掺用缓凝型外加剂或有抗渗性要求的混凝土，不得少于14d；浇水次数应当保持混凝土具有足够的湿润状态为准。养护初期，水泥水化作用进行较快，需水也较多，浇水次数要较多；气温高时，也应增加浇水次数，养护用水的水质与拌制用的水质相同。

2）蒸汽养护是将构件放在充有饱和蒸汽或蒸汽空气混合物的室内，在较高温度和相对湿度的环境中进行养护，以加快混凝土的硬化。混凝土蒸汽养护的工序制度包括：养护阶段的划分，静停时间，升、降温度，恒温养护温度与时间，养护室内相对湿度等。常压蒸汽养护过程分为四个阶段：静停阶段，升温阶段，降温阶段。静停时间一般为2～6h，以防止构件表面产生裂缝和疏松现象。升温速度不宜过快，以免由于构件表面和内部产生过多温度差而出现裂缝。恒温用户阶段应保持 90%~100% 的相对湿度，恒温养护温度不得高于 95℃，恒温养护时间一般为 3~8h，降温速度不得超过 10℃/h，构件出养护池后，其表面温度与外界温度差不得大于 20℃。

3）针对大体积混凝土可采用蓄水养护和塑料薄膜养护。塑料薄膜养护是将塑料溶液喷涂在已凝结的混凝土表面上，挥发后形成一种薄膜，使混凝土表面与空气隔绝，混凝土中的水分不再蒸发，内部保持湿润状态。

20. 钢结构的连接方法包括哪几种？各自的特点是什么？

答：钢结构的连接方法有焊接、螺栓连接、高强螺栓连接、铆接。其中最常用的是焊接和螺栓连接，两者的特点如下。

（1）焊接的特点

速度快、工效高、密封性好、受力可靠、节省材料。但同时也存在污染环境、容易产生缺陷，如裂纹、孔穴、固体夹渣、未熔合和未焊透，焊接变形和焊接残余应力等。

（2）螺栓连接的特点

拼装速度快、生产效率高，可重复用于可拆卸结构。但也有加工制作费工费时，对板件截面有损伤，连接密封性差等缺陷。

21. 钢结构安装施工工艺流程有哪些？各自的特点和注意事项各是什么？

答：钢结构构件的安装包括如下内容：

（1）安装前的准备工作。应核对构件，核查质量证明书等技术资料。落实和深化施工组织设计，对稳定性较差的构件，起吊前进行稳定性验算，必要时应进行临时加固；应掌握安装前后外界环境；对图纸进行自审和会审；对基础进行验算。

（2）柱子安装。柱子安装前应设置标高观测点和中心线标志，并且与土建工程相一致；钢柱安装就位后需要调整，校正应符合有关规定。

（3）吊车梁安装应在柱子第一次校正和柱间支撑安装后进行。安装顺序应从有柱间支撑的跨间开始，吊装后的吊车梁应进行临时性固定。吊车梁的校正应在屋面系统构件安装并永久连接后进行。

（4）吊车轨道安装应在吊车梁安装符合规定后进行。吊车轨道的规格和技术条件应符合设计要求和国家现行有关标准的规定，如有变形应经矫正后方可安装。

（5）屋架的安装应在柱子校正符合规定后进行，屋面系统结构可采用扩大组合拼装后吊装，扩大组合拼装单元宜成为具有一定刚度的空间结构，也可进行局部加固。

（6）屋面檩条安装应在主体结构调整定位后进行。

（7）钢平台、梯子、栏杆的安装应符合国标的规定，平台钢板应铺设平整，与支承梁密贴，表面有防滑措施，栏杆安装牢固可靠，扶手转角应光滑。

（8）高层钢结构的安装。高层钢结构安装的主要节点有柱—柱连接，柱—梁连接，梁—梁连接等。在每层的柱与梁调整到符合安装标准后方可终拧高强螺栓，方可施焊。安装时，必须控制楼面的施工荷载。严禁在楼面堆放构件，严禁施工荷载（包括冰雪荷载）超过梁和楼板的承载力。

22. 地下工程防水混凝土施工技术要求和方法有哪些？

答：地下工程防水混凝土施工技术要求和方法有以下几点。

（1）防水混凝土处于侵蚀性介质中，混凝土抗渗等级不应小于P8；防水混凝土结构的混凝土垫层，其抗压强度等级不得小于C15，厚度不应小于100mm。

（2）防水混凝土结构应符合下列规定：①结构厚度不应小于250mm；②裂缝宽度不得大于0.2mm，并不得贯通；③钢筋保护层厚度迎水面不应小于50mm。

（3）防水混凝土拌合，必须采用机械搅拌，搅拌时间不得小于2min；掺外加剂时，应根据外加剂的技术要求确定搅拌时间。防水混凝土必须采用机械振捣密实，振捣时间宜为10～30s，以混凝土开始泛浆和不冒气泡为准，并应避免漏振、欠振和超振。掺引气剂或引气型减水剂时，应采用高频插入式振捣器振捣。

（4）防水混凝土应连续浇筑，宜少留施工缝。当留设施工缝时应注意以下几点：①顶板、底板不宜留施工缝，顶拱、底拱不宜留纵向施工缝，墙体水平施工缝不宜留在剪力墙弯矩最大处或底板与侧墙的交接处，应留在高出底板顶面不小于300mm的墙体上，墙体有孔洞时，施工缝距孔洞边缘不宜小于300mm。拱墙结合的水平施工缝，宜留在起拱线以下150～300mm处；先拱后墙的施工缝可留在起拱线处，但必须加强防水措施。②垂直施工缝应避开地下水和裂隙水较多的地段，并宜于与变形缝相结合。③防水混凝土进入终凝时，应立即进行养护，防水混凝土养护得好坏对其抗渗性有很大的影响，防水混凝土的水泥用量较多，收缩较大，如果混凝土早期脱水或养护中缺乏必要的温度和湿度条件，其后果较普通混凝土更为严重。因此，当混凝土进入终凝（浇筑后4～6h）时，应立即覆盖并浇水养护。浇捣后3d内每天应浇水3～6次，3d后每天浇水2～3次，养护天数不得少于14d。为了防止混凝土内水分蒸发过快，还可以在混凝土浇捣1d后，在混凝土的表面刷水玻璃两道或氯乙烯—偏氯乙烯乳液，以封闭毛细孔道，保证混凝土有较好的硬化条件。

23. 地下工程水泥砂浆防水层施工采用的砂浆有几类？

答：常用的水泥砂浆防水层主要有多层普通水泥砂浆防水层、聚合物水泥砂浆防水层、掺外加剂的水泥砂浆防水层三种。

24. 屋面涂膜防水工程施工技术要求和方法有哪些？

答：屋面涂膜防水工程施工技术要求和方法包括以下几个方面。

（1）屋面涂膜防水工程施工的工艺流程。表面基层清理、修理→喷涂基层处理剂→节点部位附加增强处理→涂布防水涂料及铺贴胎体增强材料→清理及检查修理→保护层施工。

（2）防水涂膜施工应分层分遍涂布。待先涂的涂层干燥成膜后，方可涂布后一遍涂料。铺设胎体增强材料，屋面坡度小于15％时可平行屋脊铺设；坡度大于15％时应垂直屋脊铺设，并由屋面最低处向上操作。

（3）胎体的搭设长度，长边不得小于50mm；短边不得小于70mm。采用二层及以上胎体增强材料时，上下层不得互相垂直铺设，搭接缝应错开，其间距不得小于幅宽的1/3。涂膜防水的收头应用防水涂料多遍涂刷或用密封材料封严。

（4）涂膜防水屋面应做保护层。保护层采用水泥砂浆或块材时，应在涂膜层与保护层之间设置隔离层。

（5）防水涂膜严禁在雨天、雪天施工；五级风及以上时或预计涂膜固化前有雨时不得施工；气温低于5℃或高于35℃时不得施工。

25. 屋面卷材防水工程施工技术要求和方法有哪些？

答：屋面卷材防水工程施工包括沥青防水卷材施工、高聚物改性沥青防水卷材施工和合成高分子防水卷材施工三类。它们的施工技术要求和方法分别如下。

（1）沥青防水卷材防水施工技术要求和方法。

1）沥青防水卷材的铺设方向按照房屋的坡度确定：当坡度小于3％时，宜平行屋脊铺贴；坡度在3％～15％之间时，可平行或垂直屋脊铺贴；坡度大于15％或屋面有受震动情况，沥青防水卷材应垂直屋脊铺贴（高聚物改性沥青防水卷材和合成高分子防水卷材可平行或垂直屋脊铺贴）。坡度大于25％时，应采取防止卷材下滑的固定措施。

2）当铺贴连续多跨的屋面卷材时，应按先高跨后低跨，先远后近的顺序。对同一坡度，则应先铺好水落口、天沟、女儿墙、沉降缝部位，特别应先做好泛水，然后顺序铺设大屋面的防水层。

（2）高聚物改性沥青防水卷材施工技术要求和方法。

1）根据高聚物改性沥青防水卷材的特性，其施工方法有热熔法、冷粘法和自粘法三种。现阶段使用最多的是热熔法。

2）热熔法施工是采用火焰加热器熔化热熔型防水卷材底面的热熔胶进行粘结的施工方法。操作时，火焰喷嘴与卷材底面的距离应适中；幅宽内加热应均匀，以卷材底面沥青熔融至光亮黑色为度，不得过分加热或烧穿卷材；卷材底面热熔后应立即滚贴，并进行排汽、辊压粘结、刮封接口等工序。采用条粘法施工，每幅卷材两边的粘贴宽度不得小于150mm。

3）冷粘法（冷施工）是采用胶粘剂或冷玛琋脂进行卷材与基层、卷材与卷材的粘结，而不需要加热施工的方法。

4）自粘法是采用带有自粘胶的防水卷材，不用热施工，也不需要涂刷胶结材料而进行粘结的施工方法。

（3）高分子防水卷材施工。合成高分子防水卷材的铺贴方法有：冷粘法、自粘法和热风焊接法。目前国内采用最多的是冷粘法。

第五节　熟悉工程项目管理的基本知识

1. 施工项目管理的内容有哪些？

答：施工项目管理的内容包括如下几个方面。

（1）建立施工项目管理组织

①由企业采用适当的方式选聘称职的项目经理。②根据施工项目组织原则，采用适当的组织方式，组建施工项目管理机构，明确责任、权限和义务。③在遵守企业规章制度的前提下，根据施工管理的需要，制定施工项目管理制度。

（2）编制项目施工管理规划

施工项目管理规划包括如下内容：①进行工程项目分解，形成施工对象分解体系，以便确定阶段性控制目标，从局部到整体地进行施工活动和进行施工项目管理。②建立施工项目管理工作体系，绘制施工项目管理工作体系图和施工项目管理工作信息流程图。③编制施工管理规划，确定管理点，形成文件，以利执行。

（3）进行施工项目的目标控制

实现各项目标是施工管理的目的所在。施工项目的控制目标有进度控制目标、质量控制目标、成本控制目标、安全控制目标等。

（4）对施工项目施工现场的生产要素进行优化配置和动态管理

生产要素管理的内容包括：①分析各项生产要素的特点。②按照一定的原则、方法对施工项目生产要素进行优化配置，并对配置状况进行评价。③对施工项目的各项生产要素进行动态管理。

（5）施工项目的合同管理

在市场经济条件下，合同管理是施工项目管理的主要内容，是企业实现项目工程施工目标的主要途径。依法经营的重要组成部分就是按施工合同约定履行义务、承担责任、享有权利。

（6）施工项目的信息管理

施工项目信息管理是一项复杂的现代化管理活动，施工的目标控制、动态管理更要依靠大量的信息及大量的信息管理来实现。

（7）组织协调

组织协调是指以一定的组织形式、手段和方法，对项目管理中产生的关系不畅进行疏通，对产生的干扰和障碍予以排除的活动。协调与控制的最终目标是确保项目施工目标的实现。

2. 施工项目管理的组织任务有哪些？

答：施工项目管理的组织任务主要包括：

（1）合同管理。通过行之有效的合同管理来实现项目施工的目标。

（2）组织协调

组织协调是管理的技能和艺术，也是实现项目目标不可缺少的方法和手段。它包括与外部环境之间的协调，项目参与单位之间的协调和项目参与单位内部的协调三种类型。

（3）目标控制

施工项目目标控制是施工项目管理的重要职能，它是指项目管理人员在不断变化的动态环境中未确保既定规划目标的实现而进行的一系列检查和调整活动。其任务是在项目施工阶段采用计划、组织、协调手段，从组织、技术、经济、合同等方面采取措施，确保项目目标的实现。

（4）分险管理

风险管理是一个确定和度量项目风险及制定、选择和管理风险应对方案的过程。其目的是通过风险分析减少项目施工过程中的不确定因素，使决策更科学，保证项目的顺利实施，更好地实现项目的质量、进度和投资目标。

（5）信息管理

信息管理是施工项目管理中的基础性工作之一，是实现项目目标控制的保证。它是对施工项目的各类信息收集、储存、加工整理、传递及使用等一系列工作的总称。

（6）环境保护

环境保护是施工企业项目管理重要内容，是项目目标的重要组成部分。

3. 施工项目目标控制的任务包括哪些内容？

答：施工项目包括成本目标、进度目标、质量目标三大目标。目标控制的任务包括使工程项目不超过合同约定的成本额度；保证在没有特殊事件发生和不改变成本投入、不降低质量标准的情况下按期完成；在投资不增加，工期不变化的情况下按合同约定的质量目标完成工程项目施工任务。

4. 施工项目目标控制的措施有哪些？

答：施工项目目标控制的措施有组织措施、技术措施、经济措施等。

（1）组织措施是指施工任务承包企业通过建立施工项目管理组织，建立健全施工项目管理制度，健全施工项目管理机构，进行确切和有效的组织和人员分工，通过合理的资源配置作为施工项目目标实现的基础性措施。

（2）技术措施是指施工管理组织通过一定的技术手段对施工过程中的各项任务通过合理划分，通过施工组织设计和施工进度计划安排，通过技术交底、工序检查指导、验收评定等手段确保施工任务实现的措施。

（3）经济措施是指施工管理组织通过一定程序对施工项目的各项经济投入的手段和措施。包括各种技术准备的投入、各种施工设施的投入、各种涉及管理人员施工操作人员的工资、奖金和福利待遇的提高等各种与项目施工有关的经济投入措施。

5. 施工现场管理的任务和内容各有哪些？

答：施工现场管理分为施工准备阶段和施工阶段两个不同阶段的管理工作。

（1）施工准备阶段的管理工作

它主要包括拆迁安置、清理障碍、平整场地、修建临时设施，架设临时供电线路、接通临时用水管线、组织材料机具进场，施工队伍进场安排等工作，这些工作虽然比较零碎，但头绪很多，需要协调和管理的组织层次和范围比较广，是对项目管理组织的一个考验。

（2）施工阶段的现场管理工作

此阶段现场管理工作头绪更多，施工参与各方人员的管理和协调，设备和器具，材料和零配件，生产运输车辆，地面、空间等都是现场管理的对象。为了有效进行现场管理，根本的一条就是要根据施工组织设计确定的现场平面进行布置图，需要调整变动时需要首先申请、协商，得到批准后方可变动，不能擅自变动，以免引起各部分主体之间的矛盾，给消防安全、环境保护等方面造成不必要的麻烦和损失。

对于节电、节水、用电安全、修建临时厕所及卫生设施等方面的管理工作，最好列入合同附则，有明确的约定，以便能有效进行管理，以在安全文明卫生的条件下实现施工管理目标。

第二章 基 础 知 识

第一节 土建施工相关的力学知识

1. 力、力矩、力偶的基本性质有哪些？

答：（1）力

1）力的概念。力是物体之间相互的机械作用，这种作用的效果是使物体的运动状态发生改变，或者使物体发生变形。

2）力的三要素。力的大小、力的方向和力的作用点。

3）静力学公理。①作用力与反作用力公理：两个物体之间的作用力和反作用力，总是大小相等，方向相反，沿同一直线，并分别作用在这两个物体上。②二力平衡公理：作用在同一物体上的两个力，使物体平衡的必要和充分条件是，这两个力大小相等，方向相反且作用在同一直线上。③加减平衡力系公理：作用于刚体上的力可以沿其作用线移到刚体内的任意点，而不改变原力对刚体的作用效应。根据力的可传性原理，力对刚体的作用效应与力的作用点在作用线的位置无关。加减平衡力系公理和力的可传性原理都只适用于刚体。

（2）力偶

1）力偶的概念。把作用在同一物体上大小相等、方向相反但不共线的一对平行力组成的力系称为力偶，记为 (F, F')。力偶中两个力的作用线间的距离 d 称为力偶臂。两个力所在的平面称为力偶的作用面。

2）力偶矩。用力和力偶臂的乘积再加上适当的正负号所得的物理量称之为力偶矩，记作 $M(F, F')$ 或 M，即

$$M(F,F') = \pm Fd$$

力偶正负号的规定：力偶正负号表示力偶的转向，其规定与力矩相同，即力偶使物体逆时针转动则为正，反之，为负。力偶矩的单位与力矩的单位相同。力偶矩的三要素：力偶矩的大小、转向和力偶的作用面的方位。

3）力偶的性质。力偶的性质包括：①力偶无合力，不能与一个力平衡或等效，力偶只能用力偶来平衡，力偶在任意轴上的投影等于零。②力偶对于其平面内任意点之矩，恒等于其力偶矩，而与矩心的位置无关。凡是三要素相同的力偶，彼此相同，可以互相代替。力偶对物体的作用效应是转动。

（3）力偶系

1）力偶系的概念。作用在同一物体上的力偶组成一个力偶系，若力偶系的各力偶均作用在同一平面，则称为平面力偶系。

2）力偶系的合成。平面力偶系合成的结果为一合力偶，其合力偶矩等于各分力偶矩的代数和。即：

$$M = M_1 + M_2 + \cdots + M_n = \sum M_i$$

（4）力矩

1）力矩的概念。将力 F 与转动中心点到力 F 作用线的垂直距离的乘积 Fd 并加上表示转动方向的正负号称为力 F 对 O 点的力矩，用 $M_0(F)$ 表示，即

$$M_0(F) = \pm Fd$$

正负号的规定与力偶的规定相同。

2）合力矩定理

合力对平面内任意一点之矩，等于所有分力对同一点之矩的代数和。即

$$F = F_1 + F_2 + \cdots + F_n$$

则

$$M_0(F) = M_0(F_1) + M_0(F_2) + \cdots + M_0(F_n)$$

2. 平面力系的平衡方程有哪几个?

答:(1) 力系的概念

凡各力的作用线都在同一平面内的力系称为平面力系。在平面力系中各力的作用线均汇交于一点的力系,称为平面汇交力系;各力作用线互相平行的力系,称为平面平行力系;各力的作用线既不完全平行,也不完全汇交的力系称为平面一般力系。

(2) 力在坐标轴上的投影

力在两个坐标轴上的投影、力的值、力与 x 轴的夹角分别如下各式所示。

$$F_x = F\cos\alpha$$
$$F_y = F\sin\alpha$$
$$F = \sqrt{F_x^2 + F_y^2}$$
$$\alpha = \arctan\left|\frac{F_y}{F_x}\right|$$

(3) 平面汇交力系的平衡方程

平面一般力系的平衡条件:平面一般力系中各力在两个任选的直角坐标系上的投影代数和分别等于零,各力对任一点取矩的代数和也等于零。用数学公式表达为:

$$\Sigma F_x = 0$$
$$\Sigma F_y = 0$$
$$\Sigma m_0(F) = 0$$

此外,平面一般力系平衡方程还可以表示为二矩式和三力矩式。它们各自平衡的方程组分别如下:

二矩式:

$$\Sigma F_x = 0$$
$$\Sigma m_A(F) = 0$$
$$\Sigma m_B(F) = 0$$

三力矩式:

$$\Sigma F_x = 0$$
$$\Sigma m_A(F) = 0$$
$$\Sigma m_0(F) = 0$$

(4) 平面力偶系

在物体的某一平面内同时作用有两个或两个以上的力偶时,这群力偶就称为平面力偶系。由于力偶在坐标轴上的投影恒等于零,因此,平面力偶系的平衡条件为:平面力偶系中各力偶的代数和等于零。即

$$\Sigma M = 0$$

3. 单跨静定梁的内力计算方法和步骤各有哪些?

答:静定结构在几何特性上是无多余约束的几何不变体系,在静力特征上仅由静力平衡条件可求全部反力内力。

(1) 单跨静定梁的受力

静定结构只在荷载作用下才产生反力、内力;反力和内力只与结构的尺寸、几何形状等有关,而与构件截面尺寸、形状、材料无关,且支座沉陷、温度变化、制造误差等均不会产生内力,只产生位移。

1) 单跨静定梁的形式

以轴线变弯为主要特征的变形形式称为弯曲变形或简称弯曲。以弯曲为主要变形的杆件称为梁。单跨静定梁包括单跨简支梁、伸臂梁(一端伸臂或两端伸臂)和悬臂梁。

2) 静定梁的受力

静定梁在上部荷载作用下通常受到弯矩、剪力和支座反力的作用,对于悬臂梁支座根部为了平衡固端弯矩就需要竖直方向的支反力和水平方的轴向力。一般梁纵向轴力对梁受力的影响不大,讨论时不予考虑。

① 弯矩。截面上应力对截面形心的力矩之和,不规定正负号,弯矩图画在杆件受拉一侧,不标注正负号。

② 剪力。剪力截面上应力沿杆轴法线方向的合力，使杆微端有顺时针方向转动趋势的为正，画剪力图要注明正负号；由力的性质可知，在刚体内，力沿其作用线滑移，其作用效应不改变。如果将力的作用线平行移动到另一位置，其作用效应将发生变化，其原因是力的转动效应与力的位置有直接的关系。

（2）用截面法计算单跨静定梁

计算单跨静定梁常用截面法的具体步骤如下：

1）根据力和力矩平衡关系求出梁端支座反力。

2）截取隔离体。从梁的左端支座开始取距支座为 x 长度的任意截面，假想将梁切开，并取左端为分离体。

3）根据分离体截面的竖向力平衡的思路求出截面剪力表达式（也称为剪力方程），将任一点的水平坐标代入剪力平衡方程就可得到该截面的剪力。

4）根据分离体截面弯矩平衡的思路求出截面弯矩表达式（也称为弯矩方程），将任一点的水平坐标代入剪力平衡方程就可得到该截面的弯矩。

5）根据剪力方程和弯矩方程可以任意地绘制出梁剪力图和梁的弯矩图，以直观观察梁截面的内力分配。

4. 多跨静定梁的内力分析方法和步骤各有哪些？

答：多跨静定梁是指由若干根梁用铰相连，并用若干支座与基础相连而组成的静定结构。多跨静定梁的受力分析应按先附属部分、后基本部分的分析顺序。分析时先计算全部反力（包括基本部分反力及连接基本部分与附属部分的铰处的约束反力），作出层叠图；然后将多跨静定梁拆成几个单跨梁，按先附属部分、后基本部分的顺序绘内力图。

5. 静定平面桁架的内力分析方法和步骤各有哪些？

答：静定平面桁架的功能和横跨的大梁相似，只是为了提供房屋建筑更大的跨度。其构成上与梁不同，内力计算也就不同。

它的内力分析步骤如下。

（1）根据静力平衡条件求出支座反力。

（2）从左向右、从上而下对桁架各节点编号。

（3）从左端支座右侧的第一节间开始，用截面法将上下弦第一节间截开，按该截面各杆件到支座中心弯矩平衡求出各杆件的轴向内力。

（4）依次类推，将第二节间和第三节间截开，根据被截截面各杆件弯矩和剪力平衡的思路，求出相应节间内各杆件的轴力。

6. 杆件变形的基本形式有哪些？

答：杆件变形的基本形式有拉伸、压缩、弯曲、剪切、扭曲等。

拉伸或压缩是杆件在沿纵向轴线方向受到轴向拉力或压力后长度方向的伸长或缩短。在弹性限度内产生的伸长或缩短是与外力的大小成正比例的。

弯曲变形是杆件截面受到集中力偶或沿梁横截面方向外力作用后引起的弯曲变形。杆件的变形是曲线形式。

剪切变形是指杆件在一对垂直于杆轴、方向相反的横向力作用下截面受剪后产生的截面错位的变形。

扭转是指杆件受到扭矩作用后截面绕纵向形心轴产生扭转变形。

7. 什么是应力、什么是应变？在工程中怎样控制应力和应变不超过相关结构规范的规定？

答：应力是指构件在外荷载作用下，截面上单位面积内所产生的力。应变是指构件在外力作用下单位长度内的变形值。

在工程设计中应根据相应的结构进行准确的荷载计算、内力分析，根据相关设计规范的规定进行必要的强度验算、变形验算，使杆件的内力值和变形值不超过实际规范的规定，以满足设计要求。

8. 什么是杆件的强度？在工程中怎样应用？

答：强度是指杆件在特定受力状态下到达破坏状态时截面能够承受的最大应力。也可以简单理解为，强度就是杆件在外力作用下抵抗破坏的能力。对杆件来说，就是结构构件在规定的荷载作用下，保证不因材料强度发生破坏的要求，称为强度要求。

在进行工程设计时，针对每个不同构件，应在明确受力性质和准确内力计算基础上，根据工程设计规范的规定，通过相应的强度计算，使杆件所受到的内力不超过其强度值来保证。

9. 什么是杆件刚度和压杆稳定性？在工程中怎样应用？

答：杆件的刚度是指杆件在弹性限度范围内抵抗变形的能力。在同样荷载或内力作用下，变形小的杆件其刚度就大。为了保证杆件变形不超过规范规定的最大变形值，就需要通过改变和控制杆件的刚度来满足。换句话说，刚度概念的工程应用就是用来控制杆件的变形值。

对于梁和板其截面刚度越大，它在上部荷载作用下产生的弯曲变形就越小，反映在变形上就是挠度小。对于一个受压构件，它的截面刚度大，它在竖向力作用下的侧移的发生和增长速度就慢，到达承载力极限时的临界荷载就大，稳定性就高。

稳定性是指构件保持原有平衡状态的能力。压杆通常是长细比比较大，承受轴向的轴心力或偏心力作用，由于杆件细长，在竖向力作用下，它自身保持原有平衡状态的能力就比较低，并且越是细长其稳定性越差。

细长压杆的稳定承载力和临界应力可以根据欧拉临界承载力公式和临界应力公式计算确定。

工程设计中要保证受压构件不发生失稳破坏，就必须按照力学原理分析杆件受力，严格按照设计规范的规定，进行验算和设计。

第二节 工程预算的基本知识

1. 什么是建筑面积？怎样计算建筑面积？

答：（1）建筑面积

建筑面积也称为建筑展开面积，它是指建筑物外墙勒角以上外围水平测定的各层面积之和，它是表示一个建筑物规模大小的经济指标。建筑面积应该根据《建筑工程建筑面积计算规范》GB/T 50353 的规定确定。

（2）计算建筑面积的规定

1）建筑物的建筑面积应按自然层外墙结构外围水平面积之和计算。结构层高在 2.20m 及以上的，应计算全面积；结构层高在 2.20m 以下的，应计算 1/2 面积。

2）建筑物内设有局部楼层时，对于局部楼层的二层及以上楼层，有围护结构的应按其围护结构外围水平面积计算，无围护结构的应按其结构底板水平面积计算，且结构层高在 2.20m 及以上的，应计算全面积，结构层高在 2.20m 以下的，应计算 1/2 面积。

3）对于形成建筑空间的坡屋顶，结构净高在 2.10m 及以上的部位应计算全面积；结构净高在 1.20m 及以上至 2.10m 以下的部位应计算 1/2 面积；结构净高在 1.20m 以下的部位不应计算建筑面积。

4）对于场馆看台下的建筑空间，结构净高在 2.10m 及以上的部位应计算全面积；结构净高在 1.20m 及以上至 2.10m 以下的部位应计算 1/2 面积；结构净高在 1.20m 以下的部位不应计算建筑面积。室内单独设置的有围护设施的悬挑看台，应按看台结构底板水平投影面积计算建筑面积。有顶盖无围护结构的场馆看台应按其顶盖水平投影面积的 1/2 计算面积。

5）地下室、半地下室应按其结构外围水平面积计算。结构层高在 2.20m 及以上的，应计算全面积；结构层高在 2.20m 以下的，应计算 1/2 面积。

6）出入口外墙外侧坡道有顶盖的部位，应按其外墙结构外围水平面积的 1/2 计算面积。

7）建筑物架空层及坡地建筑物吊脚架空层，应按其顶板水平投影计算建筑面积。结构层高在 2.20m 及以上的，应计算全面积；结构层高在 2.20m 以下的，应计算 1/2 面积。

8）建筑物的门厅、大厅应按一层计算建筑面积，门厅、大厅内设置的走廊应按走廊结构底板水平投影面积计算建筑面积。结构层高在 2.20m 及以上的，应计算全面积；结构层高在 2.20m 以下的，应计算 1/2 面积。

9）对于建筑物间的架空走廊，有顶盖和围护设施的，应按其围护结构外围水平面积计算全面积；无围护结构、有围护设施的，应按其结构底板水平投影面积计算 1/2 面积。

10）对于立体书库、立体仓库、立体车库，有围护结构的，应按其围护结构外围水平面积计算建筑面积；无围护结构、有围护设施的，应按其结构底板水平投影面积计算建筑面积。无结构层的应按一层计算，有结构层的应按其结构层面积分别计算。结构层高在 2.20m 及以上的，应计算全面积；结构层高在 2.20m 以下的，应计算 1/2 面积。

11）有围护结构的舞台灯光控制室，应按其围护结构外围水平面积计算。结构层高在 2.20m 及以上的，应计算全面积；结构层高在 2.20m 以下的，应计算 1/2 面积。

12）附属在建筑物外墙的落地橱窗，应按其围护结构外围水平面积计算。结构层高在 2.20m 及以上的，应计算全面积；结构层高在 2.20m 以下的，应计算 1/2 面积。

13）窗台与室内楼地面高差在 0.45m 以下且结构净高在 2.10m 及以上的凸（飘）窗，应按其围护结构外围水平面积计算 1/2 面积。

14）有围护设施的室外走廊（挑廊），应按其结构底板水平投影面积计算 1/2 面积；有围护设施（或柱）的檐廊，应按其围护设施（或柱）外围水平面积计算 1/2 面积。

15）门斗应按其围护结构外围水平面积计算建筑面积，且结构层高在 2.20m 及以上的，应计算全面积；结构层高在 2.20m 以下的，应计算 1/2 面积。

16）门廊应按其顶板的水平投影面积的 1/2 计算建筑面积；有柱雨篷应按其结构板水平投影面积的 1/2 计算建筑面积；无柱雨篷的结构外边线至外墙结构外边线的宽度在 2.10m 及以上的，应按雨篷结构板的水平投影面积的 1/2 计算建筑面积。

17）设在建筑物顶部的、有围护结构的楼梯间、水箱间、电梯机房等，结构层高在 2.20m 及以上的应计算全面积；结构层高在 2.20m 以下的，应计算 1/2 面积。

18）围护结构不垂直于水平面的楼层，应按其底板面的外墙外围水平面积计算。结构净高在 2.10m 及以上的部位，应计算全面积；结构净高在 1.20m 及以上至 2.10m 以下的部位，应计算 1/2 面积；结构净高在 1.20m 以下的部位，不应计算建筑面积。

19）建筑物的室内楼梯、电梯井、提物井、管道井、通风排气竖井、烟道，应并入建筑物的自然层计算建筑面积。有顶盖的采光井应按一层计算面积，且结构净高在 2.10m 及以上的，应计算全面积；结构净高在 2.10m 以下的，应计算 1/2 面积。

20）室外楼梯应并入所依附建筑物自然层，并应按其水平投影面积的 1/2 计算建筑面积。

21）在主体结构内的阳台，应按其结构外围水平面积计算全面积；在主体结构外的阳台，应按其结构底板水平投影面积计算 1/2 面积。

22）有顶盖无围护结构的车棚、货棚、站台、加油站、收费站等，应按其顶盖水平投影面积的 1/2 计算建筑面积。

23）以幕墙作为围护结构的建筑物，应按幕墙外边线计算建筑面积。

24）建筑物的外墙外保温层，应按其保温材料的水平截面积计算，并计入自然层建筑面积。

25) 与室内相通的变形缝，应按其自然层合并在建筑物建筑面积内计算。对于高低联跨的建筑物，当高低跨内部连通时，其变形缝应计算在低跨面积内。

26) 对于建筑物内的设备层、管道层、避难层等有结构层的楼层，结构层高在 2.20m 及以上的，应计算全面积；结构层高在 2.20m 以下的，应计算 1/2 面积。

27) 下列项目不应计算建筑面积：

① 与建筑物内不相连通的建筑部件；

② 骑楼、过街楼底层的开放公共空间和建筑物通道；

③ 舞台及后台悬挂幕布和布景的天桥、挑台等；

④ 露台、露天游泳池、花架、屋顶的水箱及装饰性结构构件；

⑤ 建筑物内的操作平台、上料平台、安装箱和罐体的平台；

⑥ 勒脚、附墙柱、垛、台阶、墙面抹灰、装饰面、镶贴块料面层、装饰性幕墙，主体结构外的空调室外机搁板（箱）、构件、配件，挑出宽度在 2.10m 以下的无柱雨篷和顶盖高度达到或超过两个楼层的无柱雨篷；

⑦ 窗台与室内地面高差在 0.45m 以下且结构净高在 2.10m 以下的凸（飘）窗，窗台与室内地面高差在 0.45m 及以上的凸（飘）窗；

⑧ 室外爬梯、室外专用消防钢楼梯；

⑨ 无围护结构的观光电梯；

⑩ 建筑物以外的地下人防通道，独立的烟囱、烟道、地沟、油（水）罐、气柜、水塔、贮油（水）池、贮仓、栈桥等构筑物。

2. 建筑工程的工程量怎样计算？

答：应分不同情况，一般采用以下几种方法：

（1）按顺时针顺序计算。以图纸左上角为起点，按顺时针方向依次进行计算，当按计算顺序绕图一周后又重新回到起点。这种方法一般用于各种带形基础、墙体、现浇及预制构件计算，其特点是能有效防止漏算和重复计算。

（2）按编号顺序计算。结构图中包括不同种类、不同型号的构件，而且分布在不同的部位，为了便于计算和复核，需要按构件编号顺序统计数量，然后进行计算。

（3）按轴线编号计算。对于结构比较复杂的工程量，为了方便计算和复核，有些分项工程可按施工图轴线编号的方法计算。例如在同一平面中，带形基础的长度和宽度不一致时，可按 A 轴①～③轴，B 轴③、⑤、⑦轴这样的顺序计算。

（4）分段计算。在通长构件中，当其中截面有变化时，可采取分段计算。如多跨连续梁，当某跨的截面高度或宽度与其他跨不同时可按柱间尺寸分段计算，再如楼层圈梁在门窗洞口处截面加厚时，其混凝土及钢筋工程量都应按分段计算。

（5）分层计算。该方法在工程量计算中较为常见，例如墙体、构件布置、墙柱面装饰、楼地面做法等各层不同时，都应按分层计算，然后再将各层相同工程做法的项目分别汇总项。

（6）分区域计算。大型工程项目平面设计比较复杂时，可在伸缩缝或沉降缝处将平面图划分成几个区域分别计算工程量，然后再将各区域相同特征的项目合并计算。

3. 混凝土工程量怎样计算？

答：属于构、配件的混凝土，按照立方米计算，比如梁、板、柱、楼梯、墙、基础等；属于主体工程之外的屋面工程、装饰装修工程、楼地面工程中的一些找平层、找坡层、保护层等一般按平方米计算。混凝土路面按立方米计算，楼地面以合同规定，可以按平方米计算，也可以按立方米，这都是无所谓的，两者间都是换算过的。

4. 砌筑工程量怎样计算？

答：砌筑工程量计算规则包括：

(1) 概述。

1) 砌筑工程是指砌砖、石两部分，包括基础、墙体、柱及其他零星砌体。2) 标准墙计算厚度。墙厚 1/4、1/2、3/4、1、3/2、2、5/2 计算厚度 53、115、180、240、365、490、615（mm）。

（2）砖基础工程量计算。

砖基础工程最常见的砖基础为条形基础，工程量的计算规则是不分基础厚度和高度，均按图示尺寸以立方米计算。1) 基础长度。外墙基础的长度按外墙中心线计算，内墙基础长度按内墙基础净长线计算。2) 基础高度。①若基础与墙（柱）身使用同一种材料时，以设计室内地面（±0.000）为界（有地下室者，以地下室室内设计地面为界），以下为基础，以上为墙（柱）身。②基础与墙（柱）身使用不同材料，两种材料分界线位于设计室内地坪±300mm 以内时，以不同材料为界；若材料的分界线超过±300mm，应以设计室内地坪为界。③砖围墙应以设计室外地坪为界。3) 基础断面计算砖基础需在底部做成逐步放阶的形式，俗称大放脚。在计算基础断面积的时候，须考虑大放脚增加的面积。不等高式大放脚是两皮一收与一皮一收相间隔，两边各收进四分之一砖长。4) 应扣除（或并入）的体积。①不扣除：基础中嵌入的钢筋、铁件、管子、基础防潮层，单个面积在 0.3m² 以内的孔洞以及砖石基础 T 型接头处的重叠部分，靠墙暖气沟的挑檐不增加。②需扣除：地梁（圈梁）、单个面积 0.3m² 以上的孔洞、构造柱所占体积。③要并入：附墙垛、附墙烟囱等基础宽出部分的体积。5) 条形基础也叫带形基础，基础沿墙身设置，这是砖石墙基础的基本形式。基础断面面积＝中间基础面积＋两边大放脚面积＝墙宽×基础高度＋大放脚增加断面面积。6) 独立基础：砖柱基础（四面大放脚）砖砌体。

（3）砖墙。

1) 实心砖墙工程量的计算规则是不分墙体厚度和高度，均按图示尺寸以立方米计算。

① 墙体长度，外墙按外墙中心线计算；内墙按内墙净长线

计算；围墙按设计长度计算。

② 墙身高度。

a. 外墙墙身高度：斜（坡）屋面无檐口天棚时算至屋面板底；有屋架且室内外均有天棚时算至屋架下弦底另加 200mm；无天棚时算至屋架下弦底另加 300mm，出檐宽度超过 600mm 时按实砌高度计算；平屋面算至钢筋混凝土板底。

b. 内墙墙身高度：内墙位于屋架下弦时，算至屋架下弦底；无屋架时算至天棚底另加 100mm；有钢筋混凝土楼板隔层时算至楼板顶；有框架梁时算至梁底。

c. 围墙高度：从设计室外地坪至围墙砖顶面。有砖压顶算至压顶顶面；无压顶算至围墙顶面；其他材料压顶算至压顶底面。

d. 女儿墙高度，自外墙顶面至设计图示女儿墙顶面高度，分别以不同墙厚并入外墙计算。

③ 墙体厚度。墙体厚度为主墙身的厚度。

④ 应扣除（或并入）的体积。

a. 计算墙体工程量时，应扣除门窗洞口、过人洞、空圈、嵌入墙身的钢筋混凝土柱、梁（包括过梁、圈梁、挑梁）和暖气包壁龛及内墙板头的体积，不扣除梁头、板头、檩头、垫木、木楞头、沿椽木、木砖、门窗走头、砖墙内的加固钢筋、木筋、铁件、钢管及每个面积在 0.3m² 以下的孔洞等所占的体积，突出墙面的窗台虎头砖、压顶线、山墙泛水、烟囱根、门窗套、腰线和挑檐等体积亦不增加。

b. 凸出墙面的砖垛，并入墙身体积内计算。

c. 附墙烟囱、通风道、垃圾道应按设计图示尺寸体积（扣除孔洞所占体积）计算，并入所依附的墙体积内。

d. 墙内砖平碹、砖拱碹、砖过梁的体积不扣除，应包括在报价中。

⑤ 砖墙工程量＝墙体长度×墙体高度×墙体厚度－应扣除体积＋应并入体积。

2）围墙、空花墙和填充墙。

① 砖围墙以设计室外地坪为分界线，以上为墙身，以下为基础。围墙工程量按设计图示尺寸以立方米计算。

② 空花墙应按空花墙计算规则计算工程量。空花部分按镂空部分外形体积计算，不扣除空洞部分体积，其中实体部分以立方米另行计算。

③ 空斗墙按外形尺寸以立方米计算。

④ 填充墙按设计图示尺寸以填充墙外形体积计算，其中实砌部分已包括在定额内，不另计算，应扣除门窗洞口和梁（包括过梁、圈梁、挑梁）所占的体积。

（4）零星砖砌体。

1）适用于台阶、台阶挡墙、梯带、锅台、炉灶、花池、蹲台等。各地定额规定不一，除台阶外一般按设计图示尺寸以体积计算。

2）砖台阶工程量按水平投影面积计算（不包括台阶挡墙）

（5）砌石砌石的工程量计算规则与砌砖类似，按设计图示尺寸以立方米计算。

5. 钢筋工程的工程量怎样计算？

答：钢筋工程区别现浇、预制构件、不同钢种和规格，分别按设计长度乘以单位重量，以吨计算。计算钢筋长度时，钢筋搭接、锚固按设计、规范规定计算；因钢筋加工综合下料和钢筋出厂长度定尺所引起的非设计接头定额已考虑，计算其工程量时不另计算钢筋损耗系数。

6. 工程造价由哪几部分构成？

答：建筑工程造价是为了进行某项工程建设所花费的全部费用，它是建设工程项目有计划进行固定资产再生产所形成的最低流动资金的一次性费用总和。它包括以下三方面的内容。

（1）建筑安装工程费

是建设单位为从事该项目建筑安装工程所支付的全部生产费用，包括直接用于各单位工程的材料、人工、施工机械费用以及分摊到各单位工程中去的鼓励服务费用及税金。

（2）设备工器具费

是指建设单位按照建设项目文件要求而购置或自制的设备及工器具所需的全部费用，包括设备工器具原价及运杂费。

（3）工程建设其他费用

根据有关规定周期固定资产投资中支付并列入工程建设项目总概算或单位工程综合概算的除建筑安装工程费和设备工器具费义务的一切费用。

7. 什么是定额计价？进行定额计价的依据和方法是什么？

答：（1）工程造价的定额计价

工程建设定额是指在工程建设中单位产品上人工、材料、机械、资金消耗的规定额度。工程建设定额是根据国家一定时期的管理体制和管理制度，根据不同定额的用途和适用范围，由指定的机构按照一定的程序制定的。并按照规定的程序审批和办法执行。工程建设定额反映了工程建设和各种资源消耗之间的客观规律。

工程造价的定额计价就是根据所需的工程建设定额对工程造价进行计算或审定方法和制度。

（2）进行工程造价的定额计价的依据

计价所需的有关工程建设定额，当地工程建设基价表，工程设计文件、图纸，以及当地工程造价部门发布的月度或季度主要材料指导价格表等。

（3）进行工程造价的定额计价的方法

1）计算工程量；

2）套用相应工程计价定额；

3）套用基价表；

4）计算工程造价基础价；

5）根据相关规定计算各种规费、税费；

6）根据主材指导价和有关规定调整工程造价基础价得到确定的工程造价。

8. 什么是工程量清单？它包括哪些内容？工程量清单计价方法的特点有哪些？

答：（1）工程量清单

工程量清单是表现拟建工程的分部分项工程项目、措施项目、其他项目名称和相应数量的明细清单。是按招标要求和施工设计图纸要求规定将拟建招标工程的全部项目和内容，依据统一的工程量计算规则，统一的工程量清单项目编制规则要求，计算拟建招标工程的分部分项工程数量的表格。工程量清单是招标文件的组成部分，是由招标人发出的一套注有拟建工程各实物工程名称、性质、特征、单位、数量及开办项目、税费等相关表格的组成文件。

（2）工程量清单的组成

1）工程量清单说明

工程量清单说明主要是招标人解释拟招标工程量清单的编制依据以及重要作用，明确清单制度工程量是招标人估算得出的，仅仅作为投标报价的基础，结算时的工程量以招标人或其他委托授权的监理工程师核准的实际完成量为依据，提示投标申请人重视清单，以及如何使用清单。

2）工程量清单表

工程量清单表作为清单项目和工程数量的载体，是工程量清单的重要组成部分。

（3）工程量清单计价方法的特点

概括起来说，工程量计价清单的特点包括如下几点：

1）满足竞争的需要；

2）提供了一个平等的竞争机会；

3）有利于工程款的拨付和工程造价的最终确定；

4）有利于实现风险的合理分担；

5）有利于业主对投资的控制。

第三节 机械识图和制图的基本知识

1. 三视图的特性有哪些？

答：（1）三视图。将物体放在三个投影面中间，并分别向三个投影面进行投影，得到了物体的三面投影，也叫三视图。

（2）三视图的构成：

1）主视图。从物体的前方向后投影，在投影面上所得到的识图。

2）俯视图。从物体的上方向下投影，在水平投影面上所得到的视图。

3）左视图。从物体的左方向右方投影，在侧投影面得到的视图。

如图 2-1 所示为支架三视图。

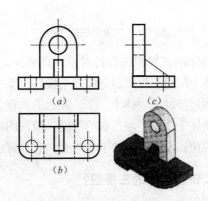

图 2-1 支架三视图

（a）主视图；（b）俯视图；（c）左视图

2. 三视图的投影规律是什么？

答：在形体的三视图中，主视图反映了物体的长度和高度；俯视图反映了物体的程度和宽度；左视图反映了物体的宽度和高度。三视图的投影规律如图 2-2 所示。归结起来三视图的投影规律为：主、俯视图长对正；主、左视图高平齐；俯、左视图宽相等。

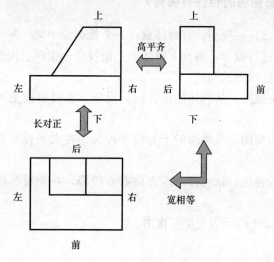

图 2-2 三视图投影规律

不仅整个物体的三视图符合长对正、高平齐、宽相等的投影规律，而且物体上的每一组成部分的三个投影也要符合投影规律。同时，三个视图还反映了物体上、下、左、右、前、后六个方位。主视图反映了物体上、下、左、右的范围；俯视图反映了物体前、后、左、右的方位；左视图反映了物体上、下、前、后的方位。

3. 怎样读识基本体的三视图？

答：（1）主视图。反映了物体的前方的尺寸，主要是高和长尺寸。读识主、俯视图时以长对正为原则去读图；读识主、左视图时以高平齐的原则去读图。对于主视图上局部尺寸变化和细部变化也应依据以上原则进行。

（2）俯视图。反映的是在水平投影面上得到的视图，反映了物体的长和宽尺寸。读图时应以结合主视图依据长对正的原则，结合左视图结合宽相等的原则进行。对于局部尺寸亦应如此。

（3）左视图。反映从左侧侧面上看到的视图，反映的是物体的高和宽的尺寸。读图时应结合俯视图依据宽相等的原则，结合主视图按照高相等的原则进行，局部尺寸亦是如此。

4. 组合体的组合形式有哪三种基本形式？

答：（1）组合体：由若干个基本几何体按一定的位置经过叠加或切割组成的物体。

（2）组合体的组合形式有叠加、切割、综合三种情况。

（3）各形体之间的表面连接关系又分为：不公面、共面、相切和相交四种情况。

5. 零件图的绘制步骤和方法有哪些？

答：（1）零件图

机械零件图不但包括图样的内容，还包括以下两个方面的内容：

1）零件间接触面、配合面的画法，相邻两零件的接触面和基本尺寸相同的配合面只需要画一条线。

2）相邻两金属零件剖面线的倾斜方向应该相反。

（2）机械简图的画法

1）相同结构简化画法。

①当机件具有相同的结构（齿、槽），并按一定规律分布时，只需画出几个完整的结构，其余用细实线连接，在零件图中需注明结构的总数。

② 圆柱形法兰以及与其类似机件圆周上均匀分布的孔。

③ 若干个直径相同成规律分布的孔可以画出一个或几个，其余用细点画线表示其中心位置，在图上注明其孔数。

2）对称机件的简化画法。在不致引起误解时，对称机件的对称视图可只画1/2或1/4，并在对称中心线的两端画出两条与其垂直的平行细实线。

① 对于机件的轮辐及薄壁等，如纵向剖，这些结构都不画剖面符号，只用粗实线与其相邻部分分开；当横剖时，这些结构要画上剖面符号。

② 当零件的回转体上均匀分布的轮辐、孔等结构不处于剖切面上时，可将这些结构旋转到剖切面上画出。

③ 在需要表示位于剖切平面前的结构时，这些结构按假想投影的轮廓线绘制。

6. 装配图的绘制步骤和方法有哪些？

答：读装配图通常可按如下三个步骤进行：

(1) 概括了解

1) 先从标题栏入手，可了解装配体的名称和绘图比例。从装配体的名称联系生产实践知识，往往可以知道装配体的大致用途。例如：阀，一般是用来控制流量起开关作用的；虎钳，一般是用来夹持工件的；减速器则是在传动系统中起减速作用的；各种泵则是在气压、液压或润滑系统中产生一定压力和流量的装置。通过比例，即可大致确定装配体的大小。

2) 再从明细栏了解零件的名称和数量，并在视图中找出相应零件所在的位置。

3) 另外，浏览一下所有视图、尺寸和技术要求，初步了解该装配图的表达方法及各视图间的大致对应关系，以便为进一步看图打下基础。

(2) 详细分析

分析装配体的工作原理，分析装配体的装配连接关系，分析装配体的结构组成情况及润滑、密封情况，分析零件的结构形状。要对照视图，将零件逐一从复杂的装配关系中分离出来，想出其结构形状。分离时，可按零件的序号顺序进行，以免遗漏。标准件、常用件往往一目了然，比较容易看懂。轴套类、轮盘类和其他简单零件一般通过一个或两个视图就能看懂。对于一些比较复杂的零件，应根据零件序号指引线所指部位，分析出该零件在该视图中的范围及外形，然后对照投影关系，找出该零件在其他视图中的位置及外形，并进行综合分析，想象出该零件的结构形状。

在分离零件时，利用剖视图中剖面线的方向或间隔的不同及零件间互相遮挡时的可见性规律来区分零件是十分有效的。对照投影关系时，借助三角板、分规等工具，往往能大大提高看图的速度和准确性。对于运动零件的运动情况，可按传动路线逐一进行分析，分析其运动方向、传动关系及运动范围。

（3）归纳总结

归纳总结，一般可按以下几个主要问题进行。

1）装配体的功能是什么？其功能是怎样实现的？在工作状态下，装配体中各零件起什么作用？运动零件之间是如何协调运动的？

2）装配体的装配关系、连接方式是怎样的？有无润滑、密封及其实现方式如何？

3）装配体的拆卸及装配顺序如何？

4）装配体如何使用？使用时应注意什么事项？

5）装配图中各视图的表达重点意图如何？是否还有更好的表达方案？装配图中所注尺寸各属哪一类？

上述读装配图的方法和步骤仅是一个概括的说明。实际读图时几个步骤往往是平行或交叉进行的。因此，读图时应根据具体情况和需要灵活运用这些方法，通过反复的读图实践，便能逐渐掌握其中的规律，提高读装配图的速度和能力。

第四节　施工机械设备的工作原理、类型、构造及技术性能

1. 齿轮传动的类型有哪几种？它们各自的特点和应用情况如何？

答：齿轮传动的种类有如下分类。

（1）按两齿轮轴线的相对位置，可分为两轴平行、两轴相交和两轴交错三类。

（2）按工作条件分为开式传动、半开式传动、闭式传动。

1）开始传动的齿轮外露，容易受到尘土侵袭，润滑不良，轮齿容易磨损，多用于低速传动和要求不高的场合。

2）半开式传动装有简易防护罩，有时还浸入油池中。

2. 螺纹和螺纹连接的类型及各自的特点有哪些?

答：螺纹连接有以下四种基本类型，其各自的特点、应用情况如下：

（1）螺栓连接

1）特点：被连接件均较薄，在其上制通孔（不切制螺纹）。用螺栓、螺母连接，结构简单，装拆方便（可以两边装配）。

2）应用：被连接件厚度均小，不受被连接件材料限制，允许常拆卸，应用广泛。

3）分类：

① 普通螺栓连接（受拉螺栓）：被连接件 $D_孔 > D_栓$（M20以下 $D_孔 = D_栓 + 1$）。

② 铰制孔螺栓连接（受剪螺栓）：$D_孔 = D_柱$（名义相等，用公差控制）。

（2）双头螺柱连接

1）特点：被连接件之一较厚，在其上制盲孔，且在盲孔上切制螺纹。薄件制通孔，无螺纹。用双头螺柱加螺母连接。允许多次装拆而不损坏被连接件。

2）应用：通常用于被连接件之一太厚，不便穿孔，结构要求紧凑，必须采用盲孔的连接或须经常装拆处。

（3）螺钉连接

1）特点：不需用螺母，将螺钉穿过一被连接件的孔，旋入另一被连接件的螺纹孔中（结构上比双头螺柱简单）。

2）应用：被连接件之一太厚，且不经常装拆的场合。

（4）紧定螺钉连接

1）特点：利用紧定螺钉旋入一零件的螺纹孔中，并以末端顶住另一零件的表面或顶入该零件的凹坑中。

2）应用：固定两零件的相对位置，并可传递不大的力或转矩。

3. 带传动的工作原理是什么？它们各自的特点和应用情况如何？

答：（1）传动原理

以张紧在至少两轮的上带作为中间挠性件，靠带与轮接触面间产生摩擦力来传递运动与动力。

（2）主要类型与应用

1）带传动的种类

a. 平型带传动——最简单，适合于中心距 a 较大的情况。

b. V 带传动——三角带。

c. 多楔带传动——适于传递功率较大要求结构紧凑场合。

d. 同步带传动——啮合传动，高速、高精度，适于高精度仪器装置中带比较薄、比较轻的情况。

2）带传动的应用

① 开口传动——两轴平行、双向、同旋向。

② 交叉传动——两轴平行、双向、反旋向。

③ 半交叉传动——交错轴、单向。

（3）带传动的特点

1）带传动的优点

①适用于中心距较大的；②传动带具有良好的弹性，能缓冲吸振，尤其是 V 带没有接头，传动较平稳，噪声小；③过载时带在带轮上打滑，可以防止其他器件损坏；④结构简单，制造和维护方便，成本低。

2）带传动的缺点

①传动的外廓尺寸较大；②由于需要张紧，使轴上受力较

大；③工作中有弹性滑动，不能准确地保持主动轴和从动轴的转速比关系；④带的寿命短；⑤传动效率降低；⑥带传动可能因摩擦起电，产生火花，故不能用于易燃易爆的场合。

4. 轴的功用和类型有哪些?

答：(1) 轴的功能

轴是组成机器的重要零件之一。其主要功能：一是传递运动和转矩，二是支承回转零件（如齿轮）。

(2) 轴的分类

1) 根据受力情况分：①传动轴，它主要承受转矩；②心轴，它主要承受弯矩；③转轴，它既承受弯矩又承受转矩。

2) 根据轴线形状不同分：①直轴，各轴段轴线为同一轴线，它按外形可以分为光轴和阶梯轴。②曲轴，各轴段轴线不在同一轴线上，主要用于往复式运动的机械中，如内燃机中的曲轴。③钢丝软轴，由多组钢丝分层，卷绕而成，具有良好的挠性，可将回转运动灵活地传到不开敞的空间位置。

5. 液压传动原理是什么?

答：液压传动的最基本的是帕斯卡原理，即"在密闭空间内，液体压强向各个方向均匀传递"。压强通常也经常叫成压力强度，它的意思就是单位面积上承受的压力值。

(1) 动力元件，例如油泵，使液压油（或其他介质）产生压强。

(2) 控制元件，控制液压油的压力，流量和流动方向。

(3) 执行元件，例如油缸和马达，把液体的压强变成机械推力（油缸），或者转矩（马达），在压强相同的情况下，油缸活塞的面积越大，机械推力就越大。

6. 液压系统中各元件的结构和作用各是什么?

答：(1) 各元件的结构

一个完整的液压系统由五个部分组成，即动力元件、执行元件、控制元件、辅助元件和液压油。

（2）各元件的作用

1）动力元件的作用是将原动机的机械能转换成液体的压力能，指液压系统中的油泵，它向整个液压系统提供动力。

2）执行元件（如液压缸和液压马达）的作用是将液体的压力能转换为机械能，驱动负载作直线往复运动或回转运动。

3）控制元件（即各种液压阀）在液压系统中控制和调节液体的压力、流量和方向。

根据控制功能的不同，液压阀可分为村力控制阀、流量控制阀和方向控制阀。压力控制阀又分为溢流阀（安全阀）、减压阀、顺序阀、压力继电器等；流量控制阀包括节流阀、调整阀、分流集流阀等；方向控制阀包括单向阀、液控单向阀、梭阀、换向阀等。根据控制方式不同，液压阀可分为开关式控制阀、定值控制阀和比例控制阀。

4）辅助元件包括油箱、滤油器、油管及管接头、密封圈、压力表、油位油温计等。

5）液压油是液压系统中传递能量的工作介质，有各种矿物油、乳化液和合成型液压油等几大类。

7. 液压回路的组成和作用各是什么？

答：（1）液压回路分类

液压基本回路通常分为方向控制回路，压力控制回路和速度控制回路三大类。

（2）液压回路的作用

1）方向控制回路其作用是利用换向阀控制执行元件的启动，停止，换向及锁紧等。

2）压力控制回路的作用是通过压力控制阀来完成系统的压力控制，实现调压、增压、减压、卸荷和顺序动作等，以满足执行元件在力或转矩及各种动作变化时对系统压力的要求。

3）速度在控制回路的作用是控制液压系统中执行元件的运

动速度或速度切换。

8. 挖掘机的工作原理是什么？它有哪些类型？各自的用途是什么？

答：（1）挖掘机的工作原理

挖掘机就是用于挖掘的机器，动力源带动液压泵旋转泵油到主阀，来自先导手柄，或者电控手柄，或者直控手柄的信号对应移动阀芯，让液压油进入执行机构（油缸，马达，破碎锤等）从而让执行机构按需动作，反铲挖掘机主要从事挖掘机停机面以下的地面，正铲挖掘机主要是停机面以上的挖掘，挖掘机都对应有挖掘包络图，显示挖掘机的挖掘范围。

（2）常见挖掘机的分类及用途：

挖掘机分类一：常见的挖掘机按驱动方式有内燃机驱动挖掘机和电力驱动挖掘机两种。其中电动挖掘机主要应用在高原缺氧与地下矿井和其他一些易燃易爆的场所。

挖掘机分类二：按照行走方式的不同，挖掘机可分为履带式挖掘机和轮式挖掘机。

挖掘机分类三：按照传动方式的不同，挖掘机可分为液压挖掘机和机械挖掘机。机械挖掘机主要用在一些大型矿山上。

挖掘机分类四：按照用途来分，挖掘机又可以分为通用挖掘机，矿用挖掘机，船用挖掘机，特种挖掘机等不同的类别。

挖掘机分类五：按照铲斗来分，挖掘机又可以分为正铲挖掘机和反铲挖掘机。正铲挖掘机多用于挖掘地表以上的物料，反铲挖掘机多用于挖掘地表以下的物料。

9. 铲运机的工作原理是什么？它有哪些类型？各自的技术性能如何？

答：铲运机的基本构造及工作原理如下：

（1）铲运机共分为两大部分：前机架与后机架。前机架包括铲斗、大臂、翻斗油缸、举升油缸、前驱动桥等。后机架包括电机、液压泵、液压马达、分动箱、后驱动桥、卷缆装置、液压油箱等。

（2）铲运机的工作是由液压传动与机械传动两部分组成的。液压传动是指通轴式柱塞变量泵和通轴式定量马达。液压泵是由通过弹性联轴器传动的，马达与齿轮箱连接输出扭矩。也可以理解为：液压泵是发出指令的机构而马达是接到指令执行的机构。转向、翻斗、举升的工作全部由三联泵完成的。三联泵是由电机另一端轴通过皮带轮带动皮带传动完成三联泵工作的。

（3）铲运机的工作主要是靠液压来完成工作的，那么液压油的洁净是至关重要的。如果液压油洁净那么铲运机的液压元件的使用寿命也会延长，如果液压油不洁净那么液压原件的使用寿命会缩短而且还浪费时间和金钱。为此我们在此需要强调几点一定要注意的事项：

1）给油箱加油的过程中避免沙子、水和灰尘等其他杂质掉到油箱内。

2）工作过程中要随时观察油位的高度，保证系统中的吸油管和回油管畅通无阻。

3）连续工作时油箱内温度不得大于70℃。

4）定期清洗和更换滤芯。

5）液压油最长不能超过300h就要全部更换并清洗油箱。

（4）铲运机机械传动主要分为齿轮箱、传动轴、驱动桥三部分。它们的关系是液压马达输出高转速通过齿轮箱转变为低转速大扭矩，然后再通过传动轴到驱动桥来完成前进和后退的工作。

10. 怎样进行铲运机的正确使用与维护？

答：铲运机的使用和维护包括以下几个方面：

（1）使用前，应进行外观检查，看是否缺少零件，运动件之间是否有障碍物，螺栓和螺母是否松动或遗失。软管及连接处是否完好，在软管断裂时必须立即停止工作。对各油口应加润滑脂，如机器搁置半年以上，轮子上的轴承应换上干净的润滑脂。轮胎气压应左右轮相等，并达到规定值 0.32MPa 的要求。

（2）铲运机与拖拉机连接时，如 CTY2.5T、CTY3T 等应将铁链一端挂在斗门动臂的凸肩上，将另一端挂在拖把管座上的套环上，操纵斗门控制手柄使斗门下降，拖把即被拉起，将拖把的连接器抬高到适当位置即可与拖拉机的牵引架相连，最后将铁链取下。

（3）油管连接时，应将快速接头上的盖帽拧下，用棉纱将快速接头的油口处擦干净，按各油管对应的油口位置连接，不能接错，然后启动拖拉机的发动机分别缓慢提升斗门和铲斗，检查各油管和各油口是否漏油。此时，若铲斗前横梁担在辕架上，应将该处的铲斗锁定销子取下来。若快速接头接不上，可能是因油路断开后，由于某种原因使铲斗上下移动，造成管路油压较大，此时拧松拖把管座处硬管与软管相连接的螺母，使高压油液放掉。

（4）油路连通后，应将各操纵手柄缓慢动作 4～5 次，检查卸土装置、斗门，以及铲斗的前、后、升、降运动是否灵活，是否有误动作。将铲斗下放到地面，卸土板缩回，斗门关闭，检查液压油箱的油位是否在液面指示窗口的刻线附近。

（5）如铲运机不使用，应清除其上的泥土和灰尘，停放在较平坦的地面上，并将铲斗放在地面上，斗门关闭，卸土装置缩回到铲斗后部，关闭发动机，用木块将拖把支撑牢固，用三角木块将前后轮卡死，抽出牵引销，将各操纵手柄上、下搬动几次，以防喷油，脱开快速接头，并用盖帽将其盖好。若短时间停放在不平的地面上，应使用铲斗锁定销子，将铲斗挂在辕架的圆筒上，以免铲斗变形。

（6）铲运机适用于土方作业，不宜于石方作业，对少量夹石土仍可作业，但如在铲土时遇到稍大的石头、木头、金属或障碍物时，应立即停车予以排除。禁止铲运机在积水的黏土中或多雨的天气中工作。在超过综合坡度极限的地带，即纵向坡度＞10%，横向坡度＞18％时，为避免铲运机倾倒或一侧轮胎受力过大，不准许铲运机工作。

（7）铲运机开动时，一般应先将斗门提起，再提升铲斗，并尽量避免斗门完全关闭时提升铲斗，这样有利于保护斗门机构及液压管路。挖掘装载前，应将卸土装置缩回到铲斗后部，将斗门打开，降低铲斗使之接近地面。

（8）铲土时，铲斗应缓慢切入土壤中，斗门离地高度应控制在 300mm 左右，当挖掘坚硬的地面和装载黏土时，要上下活动铲斗。如果土质情况恶劣，要使用推土机助推，此时要特别注意不要使助推机器的推土板碰坏铲运机的后轮轮胎。铲土及运土时，应尽量安排在下坡铲土、运土，这样可利用机械的分力，以减少拖拉机的功率消耗，提高生产率。铲运机在上坡道工作时，必须留心铲刀的入土深度，不得过载作业。转弯时不能铲土，因为辕架在横向受力时容易产生变形和损坏。

（9）无论进行哪种作业，拖拉机的功率都应充分利用，为此铲运机手必须明确工作地点的工作条件（土质、地形、运输距离等），根据工作条件选择不同车速，以防拖拉机过载。一般情况下，应用一挡或二挡速度，进行铲、装土，可将铲刀切入最深；在运、卸土时根据运行地带的坡度大小，可用拖拉机第二挡或三挡速度工作；空车返回则可用第四挡以上速度，但不允许在高速行进中猛落铲斗，否则冲击力过大易使象鼻梁拉断。

（10）根据地形条件及平面图，先制定铲运机作业行走路线，转弯处应尽可能少，且最好是在回程中，以利机械行驶。牵引铲运机时不要拐小于 100°的急弯，要用后退的方法拐弯。经过坑洼地区时，要尽量采用低速绕过 700mm 以上的深坑洼。取土和卸土时，道路需要修平，以直线前进为好。工作段的长度不得小于装满铲斗所必需走过的长度（30m 左右）。卸土段的长度应足以使铲斗在到达终点以前将土卸空，运土距离以 50～500m 较为经济有利。

（11）铲斗装满土后，通过桥梁时，必须了解桥梁是否能承受满斗的负荷。进入牵引阶段时，铲斗应尽可能放低。如遇下坡，应将铲斗刀刃降低到斜坡面上，作为一种制动器，以防止铲运机在没有制动的情况下推着牵引车向下行驶。绝对禁止铲运机在斜坡向下时后退卸土。

（12）卸土时要完全打开斗门，按照铺土厚度的要求，将铲斗提升到一个固定的高度。铺散土料，卸土装置往前推50cm后，再缩回5cm，重复此过程直到卸土装置完全推出，铲斗卸空。如果铲斗内的土不易卸出，要上下振动铲斗。

11. 铲运机使用时的注意事项有哪些？

答：（1）在铲运机发生故障时，绝对禁止开动使用。工作时，如发现故障，应立即停机修理。如发现部件操作不灵，应立即检查油管是否破裂，或产生其他故障，否则将使工作油排干，造成浪费。禁止在工作期间进行润滑、调整或任何维修工作。工作时不准有人穿过拖拉机与铲运机之间，不准站在铲运机旁或机架上工作。

（2）铲运机应由懂得拖拉机和铲运机性能及操作规程的驾驶员使用，严禁非驾驶人员操纵。拖拉机未熄火时，驾驶员不准离开拖拉机。要时刻注意防止误操作或由于铲运机的误动作而产生的事故，手及身体各部位不要靠近液压缸的活塞杆和其他运动部件，如果要钻入车底或斗门下边进行检查维修或其他作业时，一定要用结实的方木、枕木或垫块，将铲斗或斗门稳固的支住，以免发生危险。

（3）通过对维修人员的跟踪服务反馈情况分析来看，只要使用部门能严格按照使用操作规程来进行操作、保养和维护，铲运机的使用寿命就能够得到延长，为企业创造更大的经济效益。大量的实践证明：正确使用和良好的维护与保养，是延长铲运机使用寿命的重要途径。

12. 装载机的用途、种类和基本构成各是什么？

答：（1）用途

装载机是在我们生活中非常常见的机械，特别是在修路、修房的地方。装载机是主要用于道路、建筑、水电、矿山等建设工程的土石方施工机械，它的作用是铲装砂石、石灰、土壤、煤炭等散状物料，同时装载机也可对矿石、硬土等作轻度铲挖作业。换装不同的辅助工作装置还可进行推土、起重和其他物料如木材的装卸作业。装载机在道路特别是在高等级公路施工中，一般用于路基工程的填挖、沥青混合料和水泥混凝土料场的集料与装料等作业。此外装载机还可进行推运土壤、刮平地面和牵引其他机械等作业。由于装载机具有作业速度快、效率高、机动性好、操作轻便等优点，因此它成为工程建设中土石方施工的主要机种之一。

（2）种类

装载机种类较多，型号各异，其结构和总体布置也各不相同，但基本上都由动力装置、底盘和工作装置3个主要部分组成。此外，还有供内燃机动力装置起动、供全车照明和信号指示及警报、警告等电器装置。装载机与内燃叉车相比，除工作装置不同外，其他装置的结构基本相似。轮式前卸装载机总体构造一般由动力装置、底盘、工作装置和电器装置组成。

1）动力装置装载机的动力装置广泛采用柴油机，只有少数小型、轻型装载机以汽油机为动力。这是因为柴油机的热效率高，油耗低，经济性好，功率范围广，单机功率从几千瓦到几百千瓦都有，可满足多种型号的装载机的需要，适应性强等。

2）底盘装载机底盘的功用和组成与叉车相同，也是接受动力装置的动力，使装载机行走或同时进行作业，也是全机的骨架。动力装置、工作装置等均安装在它上面。也由传动、行驶转向和制动四大系统组成。同叉车一样，由于装载机底盘的四大系统也与汽车底盘的四大系统基本相同，尤其是制动装置完全与汽车相同，甚至在某些叉车、装载机和汽车上可以通用，只是装载机的制动系多采用双管路气助液动力伺服制动和钳—盘式（或湿式）行车制动器，驻车制动器多采用中央钳—盘式或蹄—鼓式制动器，这是因为装载机前驶和倒驶的几率相当，且搬运作业时行驶距离较短，减速、停车的次数较多，再加之作用环境复杂，为保证其在制动时，不发生热衰退或水衰退，故多采用上述结构。在这里将不重述这些与叉车和汽车的相同部分，只介绍装载机的传动、行驶及全液压转向三个装置的典型结构和工作原理。

3）工作装置。装载机的工作装置是用来克服被切削物料的阻力，并完成插入料堆，铲取物料，提升并卸除物料等一系列工作的装置。它主要由铲斗、动臂、摇臂、动臂油缸、转斗油缸等组成。工作装置的作业过程是由液压操纵装置来完成的。

4）电气装置。装载机的电器装置的作用、性能以及数量与叉车基本相同。它也有前照灯，一般分为近光和远光灯两种，前面还有转向灯、前位灯，尾部有制动灯、转向灯、后位灯、倒车灯等，有的还装有雾灯、视高、示宽灯等。

13. 平地机怎样分类？激光平地机的工作原理是什么？它由哪些部分组成？

答：（1）平地机的分类

按操纵方式的不同，可分为机械操纵式和液压操纵式两种。

按车轮数量的不同，可分为四轮式和六轮式两种。

按车轮驱动情况的不同，可分为后轮驱动式和全轮驱动式两种。

按车轮转向情况的不同，可分为前轮转向式和全轮转向式两种。

按发动机功率和刮刀长度的不同，可分为轻型、中型和重型三种。

（2）平地机及其功能

平地机是利用刮刀平整地面的土方机械，它可以完成公路重要内容场、农田等大面积的地面平整和挖沟、刮坡、推土、排雪、疏松、压实、布料、拌和、助装和开荒等工作。是国防工程、矿山建设、道路修筑、水利建设和农田改良等施工中的重要设备。

（3）激光平地机的工作原理

激光发射器发出旋转光束，在作业地面的上方形成一光平面，此光面就是平整土地的基准平面，光面可平可斜。激光接收器安装在铲运机伸缩杆上。当接收器检测到激光信号后，不断向控制箱发送信号。控制箱接收到信号后，进行修正，修正后的信号控制液压阀，以改变液压油输向油缸的流向与流量，自动控制刮土铲的高度。

（4）激光平地仪的主要组成

激光平地系统包括发射器，接收器，控制箱，液压机构和铲运机。

1）发射器：该发射器固定在三脚架上。激光发射机内发射出一激光基准平面，转速为 $300\sim600r/min$，有效光束半径为 $300\sim450m$。机械部分安装在一个万向接头系统上，因而光束平面能按照预定的坡度倾斜。

2）接收器：接收器固定安装在铲运机的伸缩杆上，用电缆与控制箱连接。接收到发射器发出光束后，将光信号转成电信号，并通过电缆送给控制箱。

3）控制箱：接收车载激光接收器信号进行计算分析，向电磁液压阀发出指令。

4）液压控制阀：液压阀安装在拖拉机上，并与拖拉机液压系统连接。在处于自控状态时，经控制箱转换修正后的电信号，启动电磁阀，变动液压控制阀的位置，改变液压油的流量和流向，通过油缸柱塞的伸缩控制平地铲升降。

（5）激光平地系统的操作

1）架设发射器：首先根据需刮平的场地，确定激光器的位置，一般激光器大致放在场地中间位置。激光器位置确定后，将它安装在三脚架上并调平。激光的标高，应处在拖拉机最高点上方 $0.5\sim1m$，避免遮挡激光束。

2）测量场地。

3）平地作业：以铲刃初始作业位置为基准，调整激光接收器伸缩杆的高度，使激光发射器发出的激光束与接收器相吻合。即在红、黄、绿显示灯的中间绿灯闪亮为止。然后，将控制开关置于自动位置，就可以起动拖拉机平地机组开始平整作业。

14. 桩工机械的工作原理是什么？各类型的技术参数有哪些？

答：（1）桩工机械及其作用

桩工机械是用于各种桩基础、地基改良加固、地下挡土连续墙、地下防渗连续墙施工及其他特殊地基基础等工程施工的机械设备，其作用是将各式桩埋入土中，以提高基础的承载能力。

（2）打桩机工作原理

利用冲击力将桩贯入地层的桩工机械。由桩锤、桩架及附属设备等组成。桩锤依附在桩架前部两根平行的竖直导杆（俗称龙门）之间，用提升吊钩吊升。桩架为一钢结构塔架，在其后部设有卷扬机，用以起吊桩和桩锤，桩架前面有两根导杆组成的导向架，用以控制打桩方向，使桩按照设计方位准确地贯入地层。塔架和导向架可以一起偏斜，用以打斜桩。导向架还能沿塔架向下引伸，用以沿堤岸或码头打水下桩。桩架能转动，也能移行。打桩机的基本技术参数是冲击部分重量、冲击动能和冲击频率。桩锤按运动的动力来源可分为落锤、汽锤、柴油锤、液压锤等。

一套打桩机由三角架，卷扬机，夯铲，夯锤，钢丝绳组成，本实用新型打桩机是一种建筑用地基打桩机，解决现有技术中打桩机体积大、笨重，无法在面积窄小的地盘施工的问题，它包括桩架，桩头和桩墩。具有体积小、重量轻、操作简单、施工方便、打出的桩孔质量好的优点。

（3）打桩机的主要技术参数

30型：打桩深度：1～20m，桩孔直径：300～350mm，卷扬机牵引力：1.2t，桩架高度：4m，动力：5.5kW。

40型：打桩深度：1～20m，桩孔直径：400～450mm，卷

扬机牵引力：1.2t，桩架高度：4m，动力：5.5kW。

60型：打桩深度：1～20m，桩孔直径：600～650mm，卷扬机牵引力：1.2t，桩架高度：4m，动力：5.5kW。

80型：打桩深度：1～20m，桩孔直径：800～850mm，卷扬机牵引力：1.2t，桩架高度：4m，动力：7.5kW。

15. 混凝土机械有哪些种类？混凝土搅拌机的工作原理是什么？

答：（1）混凝土机械

混凝土泵、混凝土泵车、混凝土搅拌机、混凝土搅拌楼、输送泵、浇注机、混凝土布料杆、混凝土振动器、混凝土搅拌输送车、混凝土粉碎器、混凝土振动台、混凝土搅拌站、混凝土制品机械、液压砂浆泵、车载泵、混凝土输送泵、深层搅拌机、混凝土喷射机、水泥仓、混凝土配料机、混凝土清洗回收设备、混凝土路面摊铺整平机、混凝土罐车及配料站。

为了节省篇幅，这里只介绍混凝土搅拌机的工作原理。

（2）混凝土搅拌机的工作原理

混凝土搅拌机按其工作原理，可以分为自落式和强制式两大类。

自落式混凝土搅拌机适用于搅拌塑性混凝土。

强制式搅拌机的搅拌作用比自落式搅拌机强烈，宜搅拌干硬性混凝土和轻骨料混凝土。

混凝土搅拌机是把具有一定配合比的砂、石、水泥和水等物料搅拌成均匀的符合质量要求的混凝土的机械。混凝土搅拌机按搅拌原理的不同可以分为自落式与强制式两大类。

1）自落式搅拌机

自落式搅拌机的搅拌筒内壁焊有弧形叶片。当搅拌筒绕水平轴旋转时，叶片不断将物料提升到一定高度，然后自由落下，互相掺合。

2）强制式搅拌机

强制式搅拌机主要是根据剪切机理进行混合料搅拌。搅拌机中有随搅拌轴转动的叶片。

16. 钢筋机械加工包括哪些种类？钢筋加工时安全注意事项有哪些？

答：（1）钢筋加工机械

用于钢筋除锈、冷拉、冷拔等原料加工，调直、剪切等配料加工和弯曲、点焊、对焊等成型加工的机械。

（2）工作原理

1）除锈机。用以清除钢筋的锈垢，以保证钢筋焊接质量和钢筋与混凝土的良好粘着。采用电动钢丝轮刷除锈垢和使钢筋通过砂箱除锈，利用砂和钢筋间的摩擦除锈两种。常把钢筋除锈放在冷拉、冷拔、调直切断的过程中完成。

2）冷拉机。利用超过屈服点的应力，在一定限度内将钢筋拉伸，从而使钢筋的屈服点提高 20%～25%。冷拉机分卷扬冷拉机和阻力冷拉机。卷扬冷拉机用卷扬机通过滑轮组，将钢筋拉伸。冷拉速度在 5m/min 左右，可拉粗、细钢筋，但占地面积较大。阻力冷拉机用于直径 8mm 以下盘条钢筋的拉伸。钢筋由卷筒强力牵行通过 4～6 个阻力轮而拉伸，该机可与钢筋调直切断机组合，直接加工出定长的冷拉钢筋，冷拉速度为 40m/min 左右，效率高，布置紧凑。

3）冷拔机。使直径 6～10mm 的一级钢筋强制通过直径小于 0.5～1mm 的硬质合金或碳化钨拔丝模进行冷拔。冷拔时，钢筋同时经受张拉和挤压而发生塑性变形，拔出的钢筋截面积减小，产生冷作强化，抗拉强度可提高 40%～90%。

4）调直切断机。用于调直和切断直径 14mm 以下的钢筋，并进行除锈。由调直筒、牵行机构、切断机构、钢筋定长架、机架和驱动装置等组成。其工作原理是由电动机通过皮带传动增速，使调直筒高速旋转，穿过调直筒的钢筋被调直，并由调直模清除钢筋表面的锈皮；由电动机通过另一对减速皮带传动和齿轮减速箱，一方面驱动两个传送压辊，牵引钢筋向前运动，另一方面带动曲柄轮，使锤头上下运动。当钢筋调直到预定长度，锤头锤击上刀架，将钢筋切断，切断的钢筋落入受料架时，由于弹簧作用，刀台又回到原位，完成一个循环。

5）钢筋切断机。有手动、电动和液压等多种型式。最大切断直径为40mm。切断机都是利用活动刀片相对固定刀片作往复运动而把钢筋切断。

6）钢筋镦头机。将钢筋端部镦粗，作为预应力钢筋或冷拉时钢筋的锚固头的机械。镦头机有机械和液压两种。液压镦头机的工作原理为：液压缸推动夹具将钢筋夹紧时，其镦头压模向前移动，将钢筋头挤压镦粗，而后弹簧将压模推回，放松夹具，即完成一次镦头。

7）钢筋弯曲机。工作机构是一个在垂直轴上旋转的水平工作圆盘，把钢筋置于规定位置，支承销轴固定在机床上，中心销轴和压弯销轴装在工作圆盘上，圆盘回转时便将钢筋弯曲。为了弯曲各种直径的钢筋，在工作盘上有几个孔，用以插压弯销轴，也可相应地更换不同直径的中心销轴。

8）钢筋焊接机。除一般的弧焊机和点焊机外，常用对焊机和多头点焊机来对接钢筋和制作钢筋网片，其特点是效率高，电耗少。接触对焊的工作原理是将钢筋分别夹入两电极中，接通电源后，使钢筋端头接触。强大的短路电流在接触处受阻，产生高温，使金属熔化，更施加挤压力，使其焊成一体。由于金属熔化时向四周飞溅，形成闪光，故称闪光焊。多头点焊机一般能完成钢筋调直，网片牵引及切割等多道加工工序，可对定型网片实施自动化生产。

17. 预应力机械包括哪些种类？预应力机械拉伸钢筋时安全注意事项有哪些？

答：（1）预应力机械

预应力机械顾名思义就是强化产生预应力并进行施工的机械设备，这种机械通常必须要具备产生很大外力的能力，因为受力模块本身通常具有很强的刚度和硬度，普通机械很难起到作用，这时候预应力机械便发挥了作用。

（2）预应力机械的分类

常见的预应力机械包括：液压千斤顶，用于对预应力筋施加应力；高压油泵，用于对液压千斤顶供油；压浆机，用于对孔道灌注水泥浆；搅拌机，用于搅拌水泥浆；真空泵，用于将孔道抽真空；钢筋强化机械，用于拉伸钢筋。

（3）预应力机械拉伸钢筋的安装注意事项

1）采用钢模配套张拉，两端要有地锚，还必须配有卡具、锚具，钢筋两端须镦头，场地两端外侧应有防护栏杆和警告标志。

2）检查卡具、锚具及被拉钢筋两端镦头，如有裂纹或破损，应及时修复或更换。

3）卡具刻槽应比所拉钢筋的直径大 0.7～1mm，并保证有足够强度使锚具不致变形。

4）空载运转，校正千斤顶和压力表的指示吨位，定出表上的数字，对比张拉钢筋所需吨位及延伸长度。检查油路应无泄漏，确认正常后，方可作业。

5）作业后，操作要平稳，均匀，张拉时两端不得站人。拉伸机在压力情况下严禁拆卸液压系统中的任何零件。

6）在测量钢筋的伸长或拧紧螺帽时，应先停止拉伸，操作人员必须站在两侧面操作。

7）用电热张拉法带电操作时，应穿绝缘胶鞋和戴绝缘手套。

8）张拉时，不准用手摸或脚踩钢筋或钢丝。

9）作业后，切断电源，锁好电闸箱。千斤顶全部卸荷并将拉伸设备放在指定地点进行保养。

18. 起重机的工作原理是什么？它有哪些类型？各自的技术性能如何？

答：（1）起重机的分类

起重机是一种能在一定范围内垂直起升和水平移动物品的机

械，动作间歇性和作业循环性是起重机工作的特点。

按用途分类：通用起重机、建筑起重机、冶金起重机、铁路起重机、港口起重机、造船起重机、甲板起重机。

按构造分类：桥式类型起重机、臂架式类型起重机、旋转式起重机、非旋转式起重机、固定式起重机、运行式起重机，运行式起重机又分轨行式和无轨式。

常用型号：电动单、双梁，单主梁、双主梁龙门，悬臂，电动单梁悬挂，单、双梁抓斗，防爆单、双梁，冶金单、双梁，半龙门起重机、手动单梁、悬挂，架桥机等。

（2）起重机的工作原理

1）汽车起重机、建筑起重机的工作原理是杠杆原理。

2）行车（桥式起重机）的工作原理是桥梁弦的原理，也可以说是抛物线原理。

19. 施工升降机的种类、应用范围各是什么？液压升降机的工作原理有哪些？

答：（1）施工升降机的种类及应用范围

1）固定式

固定式升降机是一种升降稳定性好，适用范围广的货物举升设备主要用于生产流水线高度差之间货物运送；物料上线、下线；工件装配时调节工件高度；高处给料机送料；大型设备装配时部件举升；大型机床上料、下料；仓储装卸场所与叉车等搬运车辆配套进行货物快速装卸等。根据使用要求，可配置附属装置，进行任意组合，如固定式升降机的安全防护装置；电器控制方式；工作平台形式；动力形式等。各种配置的正确选择，可最大限度地发挥升降机的功能，取得最佳的使用效果。固定式升降机的可选配置有人工液压动力、方便与周边设施搭接的活动翻板、滚动或机动辊道、防止轧脚的安全触条、风琴式安全防护罩、人动或机动旋转工作台、液动翻转工作台、防止升降机下落的安全支撑杆、不锈钢安全护网、电动或液动升降机行走动力系统、万向滚珠台面。

2）车载式

车载式升降机是为提高升降机的机动性，将升降机固定在电瓶搬运车或货车上，它接取汽车引擎动力，实现车载式升降机的升降功能。以适应厂区内外的高空作业。广泛应用于宾馆、大厦、机场、车站、体育场、车间、仓库等场所的高空作业；也可作为临时性的高空照明、广告宣传等。

3）液压升降机

液压升降机广泛适用于汽车、集装箱、模具制造，木材加工、化工灌装等各类工业企业及生产流水线，满足不同作业高度的升降需求，同时可配装各类台面形式（如滚珠、滚筒、转盘、转向、倾翻、伸缩），配合各种控制方式（分动、联动、防爆），具有升降平稳准确、频繁启动、载重量大等特点，有效解决工业企业中各类升降作业难点，使生产作业轻松自如。

4）曲臂式

曲臂式高空作业升降车能悬伸作业、跨越一定的障碍或在一处升降可进行多点作业；平台载重量大，可供两人或多人同时作业并可搭载一定的设备；升降平台移动性好，转移场地方便；外型美观，适于室内外作业和存放。适用于车站、码头、商场、体育场馆、小区物业、厂矿车间等大范围作业。

5）套缸式

套缸式液压升降机为多级液压缸直立上升，液压缸高强度的材质和良好的机械性能，塔形梯状护架，使升降机有更高的稳定性。即使身处20m高空，也能感受其优越的平稳性能。适用场合：厂房、宾馆、大厦、商场、车站、机场、体育场等；主要用途：电力线路、照明电器、高架管道等安装维护作业，高空清洁等单人工作的高空作业。

6）导轨式

导轨式升降机是一种非剪叉式液压升降台，适用于二、三层工业厂房，餐厅，酒楼楼层间的货物传输。台面最低高度为

150～300mm,最适合于不能开挖地坑的工作场所安装使用。该平台无须上部吊点,形式多样(单柱,双柱,四柱),运行平稳,操作简单可靠,楼层间货物传输经济便捷。

(2)液压升降机原理

液压升降机的液压油由叶片泵形成一定的压力,经滤油器、隔爆型电磁换向阀、节流阀、液压控单向阀、平衡阀进入液压缸下端,使液压缸的活塞向上运动,提升货物。液压缸上端回油经隔爆型电磁阀回到油箱,其额定压力通过溢流阀进行调整,通过压力表观察压力表读数值。

20. 怎样使用折弯机?

答:(1)首先是接通电源,在控制面板上打开钥匙开关,再按油泵启动,这样就听到油泵的转动声音了(此时机器不动作)。

(2)行程调节,折弯机使用必须要注意调节行程,在折弯前一定要试车。折弯机上模下行至最底部时必须保证有一个板厚的间隙,否则会对模具和机器造成损坏。行程的调节有电动快速调整和手动微调两种方式。

(3)折弯槽口选择,一般要选择板厚的 8 倍宽度的槽口。如折弯 4mm 的板料,需选择 32mm 左右的槽口。

(4)后挡料调整一般都有电动快速调整和手动微调,方法同剪板机。

(5)踩下脚踏开关开始折弯,折弯机与剪板机不同,可以随时松开,松开脚折弯机便停下,再踩继续下行。

21. 怎样使用钢筋调直机?

答:(1)调整调直块。一般的调直筒内有五个调直块,第一、第五两个调直块须放在中心线上,中间三个可偏离中心线。先使钢筋偏移 3mm 左右的偏移量,经过试调,如钢筋仍有慢弯,逐渐加大偏移量,直到调直为止。

（2）切断三、四根钢筋后需停机检查长度是否合适，如有偏差，可调整限位开关或定尺板，直至适合为止。

（3）在钢筋调直机导向管的前部应安装一根 1m 左右的钢筋。被调直的钢筋应先穿过钢管，再穿入导向筒和调直筒，以防止每盘钢筋接近调直完毕时弹出伤人。

（4）在调直块未固定，防护罩未盖好前，不得穿入钢筋以防止开动机器后，调直块飞出伤人。

（5）钢筋调直机上不准堆放物体，以防止机械振动物体落入机体。钢筋装入压滚，手与滚筒应保持一定的距离，机器运转中不得调整滚筒，严禁戴手套操作。

（6）钢筋调直到末端时，人员必须躲开，以防甩动伤人。短于 2m 或直径大于 9mm 的钢筋调直，应低速加工。

22. 怎样使用钢筋切断机？

答：（1）接送料的工作台面应和切刀下部保持水平，工作台的长度可根据加工材料长度确定。

（2）启动前，应检查并确认切刀无裂纹，刀架螺栓紧固，防护罩牢靠。然后用手转动皮带轮，检查齿轮啮合间隙，调整切刀间隙。

（3）启动后，应先空运转，检查各传动部分及轴承运转正常后，方可作业。

（4）机械未达到正常转速时，不得切料。切料时，应使用切刀的中、下部位，紧握钢筋对准刃口迅速投入，操作者应站在固定刀片一侧用力压住钢筋，应防止钢筋末端弹出伤人。严禁用两手分在刀片两边握住钢筋俯身送料。

（5）不得剪切直径及强度超过机械铭牌规定的钢筋和烧红的钢筋。一次切断多根钢筋时，其总截面积应在规定范围内。

（6）剪切低合金钢时，应更换高硬度切刀，剪切直径应符合机械铭牌规定。

（7）切断短料时，手和切刀之间的距离应保持在 150mm 以上，如手握端小于 400mm 时，应采用套管或夹具将钢筋短头压住或夹牢。

（8）运转中，严禁用手直接清除切刀附近的断头和杂物。钢筋摆动周围和切刀周围，不得停留非操作人员。

（9）当发现机械运转不正常、有异常响声或切刀歪斜时，应立即停机检修。

（10）作业后，应切断电源，用钢刷清除切刀间的杂物，进行整机清洁润滑。

（11）液压传动式切断机作业前，应检查并确认液压油位及电动机旋转方向符合要求。启动后，应空载运转，松开放油阀，排净液压缸体内的空气，方可进行切筋。

（12）手动液压式切断机使用前，应将放油阀按顺时针方向旋紧，切割完毕后，应立即按逆时针方向旋松。作业中，手应持稳切断机，并戴好绝缘手套。

23. 电焊机安全操作规程有哪些？

答：电焊机安全操作规程包括如下内容：

（1）使用前，应检查并确认初、次极线接线正确，输入电压符合电焊机的铭牌规定。接通电源后，严禁接触初级线路的带电部分。

（2）次级抽头连接铜板应压紧，接线柱应有垫圈。合闸前，应详细检查接线螺帽、螺栓及其他部件并确认齐全、无松动或损坏。

（3）多台电焊机集中使用时，应分接在三相电源网络上，使三相负载平衡。多台电焊机的接地装置应分别由接地处引接，不得串联。

（4）移动电焊机时，应切断电源，不得用拖拉电缆的方法移动电焊机。当焊接中突然停电时，应立即切断电源。

（5）野外作业时，电焊机应放在避雨、通风较好的地方。

（6）焊接时，不允许用铁板搭接的代替电焊机的搭铁。

（7）电焊机外壳，必须有良好的接零或接地保护，其电源的装拆应由电工进行。电焊机的一次与二次绕组之间，绕组与铁芯之间，绕组、引线与外壳之间，绝缘电阻均不得低于 0.5MΩ。

（8）电焊机应放在防雨和通风良好的地方，焊接现场不准堆放易燃、易爆物品，使用电焊机必须按规定穿戴防护用品。

（9）交流弧焊机一次电源线长度应不大于 5m，电焊机二次线电缆长度应不大于 30m。

（10）焊钳与把线必须绝缘良好、连接牢固，更换焊条应戴手套。在潮湿地点工作，应站在绝缘胶板或木板上。

（11）严禁在带压力的容器或管道上施焊，焊接带电的设备必须先切断电源。

（12）焊接贮存过易燃、易爆、有毒物品的容器或管道，必须先清除干净，并将所有孔口打开。

（13）在密闭金属容器内施焊时，容器必须可靠接地、通风良好，并应有人监护。严禁向容器内输入氧气。

（14）焊接预热工件时，应有石棉布或挡板等隔热措施。

24. 角磨机的试验方法和注意事项有哪些？

答：（1）操作员在操作时，要注意配件是否完好，绝缘电缆线有无破损，有无老化等现象。检查过后，插上电源，才可以进行作业。

（2）切割及打磨作业时，周围 1m 内不能有人员以及易爆物品，不要对着有人的方向进行工作，以防造成人员伤亡。

（3）当更换砂轮片时，须切断电源后再进行更换，以防不小心按下开关，造成不必要的人员事故。

（4）在危险且易燃物品工作时，须配备两个以上的灭火器，防患未然。做到安全第一、生产第二的原则。

（5）连续工作超过 30min 后应停止至少 20min 以上，待冷却后方能进行作业。防止在长期使用的过程中，因温度过高造成机器损坏从而引起工伤事故。

（6）要按照使用规范和说明书去使用，定时检查、维修，在保证完好的情况下进行工作，减少事故的发生。

25. 混凝土振动棒使用方法有哪些？

答：混凝土振动棒使用方法如下：

（1）混凝土振动棒运转前，应检查电源相线接法是否正确，通电后，如混凝土振动棒无产生振动时，一般可将混凝土振动棒端往地上磕一下，待振动发出平稳有力的鸣叫声后，便可进行振捣作业。

（2）混凝土振动棒工作时，应将混凝土振动棒垂直或倾斜地插入混凝土中，捣振一定时间后即可，振动时混凝土振动棒应上下抽动。

（3）在构件或建筑物上分层浇筑的情况下，振捣次一层时，应将混凝土振动棒插入已振捣层中，以消除层间接缝，获得整体效果。

（4）混凝土振动棒连续工作半小时后，应停歇一段时间，防止机械发热过甚而损坏机件。

26. 怎样使用热熔机？

答：热熔器是全国水暖业的主要工具之一，连接的好坏直接决定管材管件焊接部位的牢固程度和耐蚀程度。热熔器的使用方法如下：

（1）固定熔接器安装加热端头，把熔接器放置于架上，根据所需管材规格安装对应的加热模头，并用内六角扳紧，一般小在前端大在后端。

（2）接通电源后热熔器有红绿指示灯，红灯代表加温，绿灯代表恒温，第一次达绿灯时不可使用，必须第二次达绿灯时方可使用，热熔时温度在 260～280℃。低于或高于该温度，都会造成连接处不能完全熔合，留下渗水隐患。

（3）对每根管材的两端在施工前应检查是否损伤，以防止运输过程中对管材产生的损害，如有损害或不确定，管安装时，端口应减去 4~5cm，并不可用锤子或重物敲击水管，以预防管道爆管，相对提高使用寿命。

（4）切割管材必须使端面垂直于管轴线，管材切割应使用专用管子剪。

（5）加热时：无旋转地把管端导入加热模头套内，插入所标识的深度，同时，无旋转地把管件推到加热模头上，达到规定标志处。

（6）达到加热时间后，立即把管材管件从加热模具上同时取下，迅速无旋转地直线均匀插入已热熔的深度，使接头处形成均匀凸缘，并要控制插进去后的反弹。

（7）在规定的加工时间内，刚熔接好的接头还可校正，可少量旋转，但若过了加工时间则严禁强行校正。注意：接好的管材和管件不可有倾斜现象，要做到基本横平竖直，避免在安装龙头时角度不对，不能正常安装。

（8）在规定的冷却时间内，严禁让刚加工好的接头处承受外力。

27. 怎样正确使用冲击钻？怎样维修和保养冲击钻？

答：（1）冲击钻的正确使用方法

1）操作前必须查看电源是否与电动工具上的常规额定 220V 电压相符，以免错接到 380V 的电源上。

2）使用冲击钻前请仔细检查机体绝缘防护、辅助手柄及深度尺调节等情况，机器有无螺丝松动现象。

3）冲击钻必须按材料要求装入直径为 6~25mm 之间的合金钢冲击钻头或打孔通用钻头。严禁使用超越范围的钻头。

4）冲击钻导线要保护好，严禁满地乱拖，防止轧坏、割破，更不准把电线拖到油水中，防止油水腐蚀电线。

5）使用冲击钻的电源插座必须配备漏电开关装置，并检查电源线有无破损现象，使用当中发现冲击钻漏电、振动异常、高热或者有异声时，应立即停止工作，找电工及时检查修理。

6）冲击钻更换钻头时，应用专用扳手及钻头锁紧钥匙，杜绝使用非专用工具敲打冲击钻。

7）使用冲击钻时切记不可用力过猛或出现歪斜操作，事前务必装紧合适钻头并调节好冲击钻深度尺，垂直、平衡操作时要徐徐均匀地用力，不可强行使用超大钻头。

8）熟练掌握和操作顺逆转向控制机构、松紧螺丝及打孔攻牙等功能。

（2）冲击钻的维护与保养

1）由专业电工定期更换冲击钻的碳刷及检查弹簧压力。

2）保障冲击钻机身整体是否完好及清洁及污垢的清除，保证冲击钻动转顺畅。

3）由专业人员定期检查手电钻各部件是否损坏，对损伤严重而不能再用的应及时更换。

4）及时增补因作业中机身上丢失的机体螺钉紧固件。

5）定期检查传动部分的轴承、齿轮及冷却风叶是否灵活完好，适时对转动部位加注润滑油，以延长手电钻的使用寿命。

6）使用完毕后要及时将手电钻归还工具库妥善保管。杜绝在个人工具柜存放过夜。

28. 冲击钻的操作规程有哪些？

答：（1）工作时务必要全神贯注，不但要保持头脑清醒，更要理性地操作电动工具，不可疲惫工作，严禁酒后或服用兴奋剂、药物之后操作机器。

（2）冲击外壳必须有接地线或接中性线保护。

（3）电钻导线要完好，严禁乱拖，防止轧坏、割破。严禁把电线拖置油水中，防止油水腐蚀电线。

（4）检查其绝缘是否完好，开关是否灵敏可靠。

（5）装夹钻头用力适当，使用前应空转几分钟，待转动正常后方可使用。

（6）钻孔时应使钻头缓慢接触工件，不得用力过猛，折断钻头，烧坏电机。

（7）注意工作时的站立姿势，不可掉以轻心。

（8）操作机器时要确保立足稳固，并要随时保持平衡。

（9）在干燥处使用电钻，严禁戴手套，防止钻头绞住发生意外。在潮湿的地方使用电钻时，必须站在橡皮垫或干燥的木板上，以防触电。

（10）使用中如发现电钻漏电、振动异常、高温过热时，应立即停机，待冷却后再使用。

（11）电钻未完全停止转动时，不能卸、换钻头，出现异常时其他任何人不得自行拆卸、装配，应交专人及时修理。

（12）停电、休息或离开工作地时，应立即切断电源。

（13）如用力压电钻时，必须使电钻垂直，而且固定端要牢固可靠。

（14）中途更换新钻头，沿原孔洞进行钻孔时，不要突然用力，防止折断钻头发生意外。

（15）如在潮湿地方使用冲击钻时，必须站在绝缘垫或干燥的木板上进行。登高或在防爆等危险区域内使用必须做好安全防护措施。

（16）穿好合适的工作服，不可穿过于宽松的工作服，更不要戴首饰或留长发，严禁戴手套及不扣袖口时操作电动工具。

（17）不许随便乱放。工作完毕时，应将电钻及绝缘用品一并放到指定地方。

第三章 岗 位 知 识

第一节 机械管理相关的管理规定和标准

1. 特种机械设备租赁、使用的管理规定有哪些?

答:(1)分公司设备料具部负责根据市场情况进行评估,各项目部和施工分包单位应积极配合参与推荐设备租赁供应商,共同评估建立设备合格供应商名册。每年对设备供方进行资格评审,检查供方的企业法人营业执照、设备拆装许可证、安全资格证、特种作业操作证、经营范围及其各项服务价格清单。

(2)分公司设备料具部对设备供方提出评定意见,填写"供应商考察报告",并报分公司经理审批。对于特种设备的出租单位,要求应具有设备租赁营业执照,并且要具备相应的维修、保养人员和固定的维修、保养场所。对特种设备出租单位不具备相应安装资质的,应当由出租单位委托具有相应资质的单位负责特种设备的安装、拆卸、维修、保养。特种设备安装拆卸单位必须具备相应的安装拆卸资质和安全生产许可证,发生事故的特种设备安装单位不得在本公司从事特种设备安装业务。

(3)分公司发布"合格供应商名册",向外租用的设备必须从"合格供应商名册"中选定。

(4)设备料具部根据项目报送的设备需用计划组织设备进场。外租设备由分公司设备料具部组织公开招标,在"合格供应商名册"中选出三到五家供方进行比较选择,并向其发放招标文件,投标人按要求将投标文件送达指定地点,在规定的时间和地点开标,评标由"设备采购招标评审小组"负责进行,相关领导和部门参加,最后选定2家中标人报分公司经理批准。

（5）项目不管采用何种管理模式，一律由分公司设备料具部统一负责大型设备的租赁（包括内部和外部租赁），严禁专业工程承包商或项目以任何形式签订大型设备租赁合同，合同中租价格由项目或施工分包单位与供方议定确定。合同采用公司统一文本。经项目经理审批后，上报分公司，分公司设备料具部组织调拨设备按期进场。

（6）机械设备进入施工现场，项目部要组织对其进行验收并收集相关资料，验收的要求如下：

1）检查其是否与分公司签订了设备租赁合同并加盖合同专用章；

2）检查设备是否具备出厂合格证、产品生产许可证、产品出厂质检证明、设备初始登记证履历手册及使用说明书；

3）自制设备经相关主管部门审批的设计计算书；

4）机械设备应符合其性能要求；缺少安全装置或安全装置失效的不准使用；

5）对新购、大修或经过拆卸后重新安装的机械设备，应按出厂说明书所规定的内容行测试运行，经测试合格后方可使用；

6）向供方索取设备的保养、维修的技术标准和相应记录；

7）检查是否经过当地政府主管部门的验收和检验，相关机械安装和操作人员是否持有效特种作业操作证上岗。

（7）机械设备进入施工现场后，项目部应进行严格的管理，管理要求如下：

1）设备未经检测或验收合格严禁使用。

2）不得擅自变动或短接设备的有关安全限位装置（如力矩限位、重量限位、超高限位、下限位、前后行走或变幅限位等），以免有关安全装置限额量超过标准要求或失效。

3）有针对性的技术措施及方案：安装与拆除方案、基础专项方案及计算书、附墙方案及计算书、塔式起重机防碰撞措施、起重机械安全使用管理制度、环境与职业安全应急预案。

4）按要求检查、记录单机情况：安装验收表、顶升与附墙验收表、单机运行日记录、日检及交接班记录、周检查记录、月检查记录、综合检查记录、特种作业安全交底（包括进场安全交底、安装、使用、顶升、附墙、拆除、维修、保养等交底）、垂直度测量记录、设备维保计划、设备维保记录、设备维修鉴定表等。

5）对特种作业人员的管理：特种作业人员管理制度、特种作业人员登记表、作业人员持有效证件上岗、进场安全教育及交底、安全教育及活动记录、特种作业前有针对性的安全技术交底。

6）根据租赁合同监督履约情况，每月协同租赁站办理设备租赁结算单，按月对供应商约过程评价及要求（或处罚）。

（8）工程分包方对施工设备的控制执行本单位的管理体系要求和相关管理规定。

（9）当发生设备事故时，项目部要认真进行调查、分析处理。对重大设备事故，项目部要按照"机械事故管理制度"的程序主持调查和处理工作。

（10）机械设备的保养、维护，凡属由供方随机带入的，由供方维护并提供记录，项目部监督并存留记录。

（11）项目部对设备的服务进行评价，填写《供应商履约过程评价》并报分公司，由分公司再签署意见。

（12）分公司按上述规定实施控制，并进行监督、检查，对发现的严重不合格按"不合格品控制程序"进行处理。

2. 特种机械设备操作人员的管理规定是什么？

答：特种机械设备操作人员管理规定如下。

（1）按照安全生产法规和行业规定，凡是特种作业人员都必须经过专业技能知识培训经考核合格取得操作证后方可上岗作业，并按规定定期进行复审。

（2）工程项目部必须对在项目从事特种作业人员的资质、资格予以审核，做到人证相符，凡无证或持无效证、过期证及持伪造假证、证件来历不明的，未经专业培训而取证的一律不得从事特种作业，一经发现对项目部作严重违章处理，对项目部相关责任人、任务安排者及当事人按制度予以必要的经济处罚并停止作业。

（3）各项目部或外协单位对聘用的电工、电焊工、架子工、起重机械司机、起重信号指挥、起重挂钩工、施工电梯司机、吊篮操作工、物料提升卷扬机、场内机动车驾驶及起重机械装拆工（包括：塔吊、电梯、物料提升机、井架、龙门架装拆工）、高处作业吊篮装拆工必须严格审核，不符合要求的不得使用。

（4）建筑施工特种作业人员必须经建设主管部门培训考核合格，取得《建筑施工特种作业人员操作资格证书》后方可上岗从事相应工种作业，鉴于各区域政府行政主管部门尚未对建筑施工特种作业人员归口管理的现象，公司规定对塔吊、司机、电梯、司机、卷扬机、起重信号指挥、起重挂钩工及起重机械装拆工的证件必须是建设主管部门核发的证件为有效，非建设主管部门的证件一律视为无效证件；对电工、电焊、架子工的证件以建设行政主管部门和县级以上安全生产监督管理局核发的证件为有效，其他部门核发的证件一律视为无效证件，对职校核发的技能证不得作为操作证，凡持技能证得人员需重新参加培训，取得操作证后方可同意从事本工种作业。

（5）项目部和外协工程参建单位对使用的特种作业人员在作业前必须进行专项安全教育和技能培训，学时不得少于 8h，经入场专业考核合格后方可上岗作业，未经专业培训、考核的不得上岗作业，擅自作业的按违规予以处理，特种作业人员转场施工时必须按规定重新进行专项培训教育。

（6）特种作业人员聘用条件必须符合初中及初中以上学历、年满 18 周岁以上 50 周岁以下，工作认真负责、具有较强的安全责任意识和自防互保能力，且经医院体检合格无妨碍从事相应特种作业的疾病和生理缺陷，凡患高血压、心脏病、癫痫病及其他不适应本工种作业的人员不得从事特种作业。

（7）特种作业人员从事施工作业时，对其必须进行分部分项安全交底，并办理交底签字手续。

（8）各特种作业人员必须严格遵守本工种安全操作规程和公司以及项目部安全生产规章制度，严禁"三违"现象发生，对违章作业、违反操作规程和安全生产规章制度的安全监督部门必须予以严肃的管教和必要的经济处罚，对不服从管教、屡教不改的人员作调离特种作业岗位或辞退处理，对因违章、违规、违纪造成事故责任者将予以严惩。

（9）新参加培训取证的特种作业人员不得单独操作，必须在师傅的带领下施工作业。

（10）特种作业人员必须在证件限定范围内从事本工种作业，严禁超出证件限定范围以外的作业。

3. 建筑施工机械设备强制性标准的管理规定是什么？

答：建筑施工机械设备强制性标准的管理规定如下：

（1）公司规定下列机械设备必须持证作业：混凝土输送泵、混凝土搅拌机、砂浆机、木工圆盘机、木工平刨机、钢筋调直机、钢筋成型机、钢筋切断机、套丝机、钻床、台钻、卷扬机。

（2）各种机械操作工身体必须经安全监督部审核，需年轻力壮、头脑灵活、无生理缺陷和有妨碍本工种作业的疾病，具有操作机械的一定基础知识和实践经验，及从事本工种的熟练工人才能操作本工种机械，且经过专业知识培训考核合格后方可任用。

（3）中小型机械的证件颁发由公司安全监督部负责，专业知识培训考核工作由项目安全监督部组织实施，证件有效期为1年，项目竣工或操作工离岗时应予以收回，有效期满后需重新培训考核，办理证件年审手续后方可使用。

（4）各操作工只限于操作证件所限定的机械设备，严禁操作证件所限定以外的其他机械设备。

（5）各操作工严格执行日常保养、换季保养、磨合期保养、停放保养制度，加强机械设备作业前、运行中、作业后所进行的

"清洁、紧固、调整、润滑、防腐"十字作业方针，保持设备的完好率，消除事故隐患、提高设备使用寿命。

（6）严格执行安全操作规程，严禁违章作业，机械发生故障时必须立即停机，报告上级领导由专业人员进行修理，严禁擅自检修。

（7）不断加强个人业务素质和操作技能的学习，做到"三会、四懂"即：会操作、会维护保养、会排除故障、懂原理、懂结构、懂性能、懂用途。

（8）机操人员操作时必须随身携带证件，以备检查。

4. 塔式起重机的安装包括哪些内容？

答：塔式起重机的安装包括如下内容：

（1）塔式起重机安装单位的条件

1）塔式起重机安装单位必须具备建设行政主管部门颁发的起重设备安装工程专业承包资质和建筑施工企业安全生产许可证。塔式起重机安装单位必须在资质许可范围内从事塔式起重机的安装业务。

2）塔式起重机安装单位除了应具有资质等级标准规定的专业技术人员外，还应有与承担工程相适应的专业作业人员。主要负责人、项目经理、专职安全生产管理人员应持有安全生产考核合格证书。塔式起重机安装工、电工、司机、信号司索工等应具有建筑施工特种作业操作资格证书。

3）施工单位应与安装单位签订安装工程专业承包合同，明确双方安全生产责任。实行施工总承包的，应由施工总承包单位与安装单位签订。

（2）塔式起重机的安装条件

1）塔式起重机应具有特种设备制造许可证、产品合格证、制造监督检验证明，国外制造的塔式起重机应具有产品合格证，并已在建设行政主管部门备案登记。

2）塔式起重机应结构完整，符合《塔式起重机安全规程》

GB 5144 的规定。

3）有下列情况的塔式起重机不准使用：国家明令淘汰的；超过规定使用年限经评估不合格的；不符合国家现行标准的。

4）塔式起重机安装前，必须经维修保养，并进行全面的安全检查。结构件有可见裂纹的、严重锈蚀的、整体或局部变形的、连接轴（销）、孔有严重磨损变形的应修复或更换符合规定后方可进行安装。

5）塔式起重机基础应符合使用说明书要求，地基承载能力必须满足塔式起重机设计要求，安装前应对基础进行隐蔽工程验收，合格后方能安装。基础周围应修筑边坡和排水设施。

6）行走式塔式起重机的路轨基础及路轨的铺设应按使用说明书要求进行，且应符合 GB 5144 的规定。

（3）塔式起重机安装专项施工方案的编制

1）塔式起重机安装实施前，安装单位应编制塔式起重机安装专项施工方案，指导作业人员实施安装作业。专项施工方案应经企业技术负责人审批同意后，交施工（总承包）单位和监理单位审核。

2）塔式起重机安装专项施工方案应根据塔式起重机使用说明书的要求、作业地的实际情况编制，并满足相关法规、规程的规定。

3）塔式起重机安装专项方案的内容应包括：

① 工程概况；

② 安装位置平面和立面图；

③ 基础和附着装置的设置、安装顺序和质量要求；

④ 主要安装部件的重量和吊点位置；

⑤ 安装辅助设备的型号、性能及位置安排；

⑥ 电源的设置；

⑦ 施工人员配置；

⑧ 吊索具和专用工具的配备；

⑨ 重大危险源和安全技术措施；

⑩ 应急预案等。

（4）塔式起重机的位置选择原则

满足施工要求并符合使用说明书的要求，场地平整结实便于安装拆卸，满足塔式起重机在非工作状态时能自由回转，对周边其他构筑的影响最小等。

5. 塔式起重机安装作业的要求包括哪些内容？

答：（1）安装前应检查的项目。

基础位置、尺寸、隐蔽工程验收单和混凝土强度报告等相关资料；确认所安装的塔式起重机和安装辅助设备的基础、地基地耐力、预埋件符合专项方案的要求；基础排水措施；作业区域安全措施和警示标志、照明等。

（2）安装作业的实施。

1）安装前应根据安装方案和使用说明书的要求，对装拆作业人员进行施工和安全技术交底。做到使每个装拆人员已清楚自己所从事的作业项目、部位、内容及要求，以及重大危险源和相应的安全技术措施等，并在交底书上签字。专职安全监督员应监督整个交底过程。

2）施工（总承包）单位和监理单位应履行以下职责：

① 审核塔式起重机的特种设备制造许可证、产品合格证、制造监督检验证明、备案登记证明等文件；

② 审核特种作业人员的特种作业操作资格证书；

③ 审核专项方案及交底记录；

④ 对安装作业实施监督检查，发现隐患及时要求整改。

3）辅助设备就位后、实施作业前，应对其机械性能和安全性能进行验收。合格后才能投入作业。

4）应对所使用的钢丝绳、卡环、吊钩和辅助支架等起重用具按方案和有关规程进行检查；合格后方可使用。起重用具的完好要求应符合有关规定的规定。

5）进入现场的作业人员必须配备安全帽、防滑鞋、安全带等防护用品。无关人员严禁进入作业区域内。

6）安装拆卸作业中应统一指挥，明确指挥信号。当视线阻隔和距离过远等致使指挥信号传递困难时，应采用对讲机或多级指挥等有效的措施进行指挥。

7）吊装物的下方不得站人。

8）联接件和其保险、防松防脱件必须符合使用说明书的规定，严禁代用。对有预紧力要求的联接螺栓，必须使用扭力扳手或专用工具，按说明书规定的拧紧次序将螺栓准确地紧固到规定的扭矩值。

9）自升式塔式起重机每次加节（爬升）或下降前，应检查顶升系统。确认完好才能使用。附着加节时应确认附着装置的位置和支撑点的强度并遵循先装附着装置后顶升加节，塔式起重机的自由高度应符合使用说明书的要求。

10）安装作业时，应根据专项方案要求实施，不得擅自改动。

11）雨雪、浓雾天和风速超过 13m/s 时应停止安装作业。

12）在安装作业过程中，当遇意外情况，不能继续作业时，必须使已安装的部位达到稳定状态并固定牢靠，经检查确认无隐患后，方可停止作业。

13）塔式起重机的安全装置必须设置齐全可靠。

14）安装电器设备应按生产厂提供的电气原理图、配线图的规定进行，安装所用的电源线路应符合《施工现场临时用电安全技术规范》JGJ 46 的要求。

15）塔式起重机安装的技术标准按规范要求执行。

（3）安装完毕后应拆除为塔式起重机安装作业需要而设置的所有临时设施，清理施工场地上作业时所用的吊索具、工具、辅助用具等各种零配件和杂物。

6. 塔式起重机的安装自检和验收包括哪些内容？

答：（1）起重机安装完毕后，安装单位应对安装质量进行自检，并填写自检报告书。

（2）安装单位自检合格后，应委托有相应资质的检验检测单位进行检测。检验检测单位应遵照相关规程和标准对安装质量进行检测和评判，检测结束后应出具检测报告书。

（3）安装自检和检测报告应记入设备档案。

（4）经自检、检测合格后，由施工（总承包）单位组织安装单位、使用单位、监理单位进行验收，合格后方能使用。

7. 塔式起重机的使用有哪些内容？

答：（1）塔式起重机使用前的安全技术交底

塔式起重机使用前，机械管理人员应对司机、司索信号工等特种操作人员进行安全交底，安全技术交底应有针对性。

（2）多台塔式起重机交错作业的要求

多台塔式起重机交错作业时应编制专项方案，专项方案应包含各台塔式起重机初始安装高度、每次升节高度和升节次序，并有防碰撞安全措施，以免发生干涉现象。

（3）塔式起重机使用操作人员要求

1）塔式起重机司机、信号司索工等特种操作人员的相关条件应符合《塔式起重机操作使用规程》JG/T 100 的要求。严禁无证上岗。

2）塔式起重机使用时应配备司索信号工，严禁无信号指挥操作。对远距离起吊物件或无法直视吊物的起重操作，应设多级指挥，并配有效通信工具。

（4）塔式起重机的操作使用

塔式起重机操作使用应严格执行以下规定：

1）斜吊不吊；

2）超载不吊。

8. 塔式起重机的安全技术规程中的一般要求有哪些内容？

答：（1）对塔式起重机应建立技术档案，其技术档案应包括下列内容：

1）购销合同、制造许可证、产品合格证、制造监督检验证书、使用说明书、备案证明等原始资料；

2）定期检验报告、定期自行检查记录、定期维护保养记录、维修和技术改造记录，运行故障和生产安全事故记录、累计运转记录等运行资料；

3）历次安装验收资料。

（2）塔式起重机的选型和布置应满足工程施工要求，便于安装和拆卸，并不得损害周边其他建筑物或构筑物。

（3）有下列情况之一的塔式起重机严禁使用：

1）国家明令淘汰的产品；

2）超过规定使用年限经评估不合格的产品；

3）不符合国家现行相关标准的产品。

（4）塔式起重机安装。拆卸前，应编制专项施工方案，指导作业人员实施安装、拆卸作业。专项施工方案应根据塔式起重机使用说明书和作业场地的实际情况编制，并应符合国家现行相关标准的规定。专项施工方案应让由本单位技术、安全、设备等部门审核、技术负责人审批后，经监理单位批准实施。

（5）塔式起重机安装前应编制专项施工方案。并应包括下列内容：

1）工程概况；

2）安装位置平面和立面图；

3）所选用的塔式起重机型号及性能技术参数；

4）基础和附着装置的设置；

5）爬升工况及附着节点详图；

6）安装顺序和安全质量要求；

7）主要安装部件的重量和吊点位置；

8）安装辅助设备的型号、性能及布置位置；

9）电源的设置；

10）施工人员配置；

11）吊索具和专用工具的配备；

12）安装工艺程序；

13）安全装置的调试；

14）重大危险源和安全技术措施；

15）应急预案等。

（6）塔式起重机拆卸专项方案应包括下列内容：

1）工程概况；

2）塔式起重机位置的平面和立面图；

3）拆卸顺序；

4）部件的重量和吊点位置；

5）拆卸辅助设备的型号、性能及布置位置；

6）电源的设置；

7）施工人员配置；

8）吊索具和专用工具的配备；

9）重大危险源和安全技术措施；

10）应急预案等。

（7）塔式起重机与架空输电线的安全距离应符合现行国家标准《塔式起重机安全规程》GB 5144 的规定。

（8）当多台塔式起重机在同一施工现场交叉作业时，应编制专项方案，并应采取防碰撞的安全措施。任意两台塔式起重机之间的最小架设距离应符合下列规定：

1）低位塔式起重机的起重臂端部与另一台塔式起重机的塔身间的距离不得小于 2m；

2）高位塔式起重机最低位置的部件（或吊钩升至最高点或平衡重的最低部位）与低位塔式起重机中处于最高位置部件之间的垂直距离不得小于 2m。

（9）在塔式起重机的安装、使用及拆卸阶段，进入现场的作业人员必须佩戴安全帽，穿防滑鞋，系安全带等防护用品，无关人员严禁进入作业区域内。在安装、拆卸作业期间应设警戒区。

（10）塔式起重机在安装前和使用过程中，发现有下列情况之一的，不得安装和使用：

1）结构件上有可见裂纹和严重锈蚀的；

2）主要受力构件存在塑性变形的；

3）连接件存在严重磨损和塑性变形的；

4）钢丝绳达到报废标准的；

5）安全装置不齐全或失效的。

（11）塔式起重机使用时，起重臂和吊物下方严禁有人员停留。

（12）严禁用塔式起重机载运人员。

9. 建筑机械使用安全技术规程要求有哪些内容？

答：建筑机械使用安全技术规程的内容如下。

建筑机械使用安全技术规程为了保障机械的正常安全使用，发挥机械效能，确保安全生产，制定本规程，本规程适用于公司的各类型建筑机械的使用和管理。

（1）操作人员已经体检合格，无妨碍作业的疾病和生理缺陷，并经过专业培训，考核合格取得操作证后，方可持证上岗。

（2）操作人员在作业过程中，应集中精力，正确操作，不得擅自离开工作岗位或将机械交给其他无证人员操纵，严禁无关人员进入作业区域操作室内。

（3）机械设备应按其性能的要求正确使用，减少安全装置或安全装置失效的机械设备不得使用。

（4）操纵人员应遵守机械设备的有关保养规定，认真及时做好各级保养工作，经常保持机械的完好状态。

（5）严禁拆除机械设备上的自动控制机构和各种安全限位装置及监测指示仪表、警报器等自动报警、信号装置，其调试和故障的排除应由专业人员负责进行。

（6）实行多班作业的机械，应执行交接班制度，认真填写交接班记录，接班人员经检查无误后，方可进行工作。

（7）现场施工负责人应为机械作业提供道路、水电、机械或停机场地等必备的条件，并消除对机械作业有妨碍或不安全的因素，夜间作业应设置充足的照明。

严格按说明书规定的技术性能承载能力和使用条件正确操作、合理使用，严禁超载作业或任意扩大使用范围。

（8）机械设备不得带病运行，运行中发现不正常时应先停机检查，排除故障后方可使用。

（9）严禁违章操作，凡违反本规程的作用命令，操作人员应先说明理由，之后可以拒绝执行，由于发令人强制违章作业而造成的一切事故，均由发令人承担。

（10）经过大修或技术改造的机械，必须按出厂说明书的要求进行测试和试运转。

（11）使用机械与安全生产发生矛盾时，必须首先服从安全要求。

（12）机修使用的润滑油（脂），应符合产品说明书所规定的种类和牌号，并按时、按季、按质进行增加或更换。

（13）当机械设备发生事故或未遂恶性事故时，必须及时抢救，保护现场，并立即报告领导和有关部门，事故应按"四不放过"的原则进行处理。

（14）人机固定，定机定人，操作人员必须搞好机械设备的例行保养，在开机前、停机后，搞好清洁、润滑、调整、坚固和防腐工作，经常保持机械设备的良好状态。

（15）所有机电设备自下班后一定要切断电源。

10. 施工现场临时用电安全技术规范及管理办法包括哪些内容？

答：施工现场临时用电安全技术规范及管理办法包括如下内容：

（1）进入施工现场必须戴安全帽，操作时必须穿绝缘鞋和戴绝缘手套。

（2）临时用电必须经历现场线路、设施的安装验收，用电设施的定期检查制度，并将验收、检测、检测记录存入用电管理资料内。

（3）施工现场实行三线五相制的接零保护配电系统，配电线路的架设和敷设应符合规范要求。施工现场的机具、车辆及人员应与内外用电线路保持安全距离，达不到规定最小距离时，必须采取可靠的防护措施。

（4）施工现场的配电系统必须实行分级配电。配电箱、开关箱的安装和内设置必须符合有关规定，箱内电器必须可靠完好，选型、定值符合规定，开关电器要标明用途。

（5）各类配电箱、开关箱外观应完整、牢固、防雨、防尘，箱体外须涂安全色标，统一编号电闸箱内不得存放杂物。工作完毕或施工中遇到停电以及机械设备发生故障，必须切断电源，并锁好闸箱。

（6）现场配电箱的总配电箱，分配电箱设备开关箱实行首末（及总开关箱和设备开关箱）漏电保护，漏电保护器的选择应符合规定。各种用电设备和电动施工机械的外壳、金属支架和底座必须按规定采取重复接地保护。

（7）施工现场的高大设备上安装避雷装置（若最高施工机械设备上安装避雷针，其保护范围按 $60°$ 计算，可保护其他设备）。

（8）工作期间必须按规定穿绝缘鞋、戴绝缘手套，自觉地遵守安全技术操作规程，认真执行安全技术交底。未经现场技术负责人批准不得擅自离开工作岗位。

（9）现场临时用电，必须随找随到，不得拖延时间，夜里必须有电工值班，发现问题及时整改。

（10）现场值班电工，必须每天对现场线路、电闸箱、机械设备、照明进行全面检查，发现问题及时整改，整改合格后才能合闸使用。

（11）安装维修临时用电工程，必须由电工完成，电工必须持证上岗，穿戴防护用具应齐全，如绝缘鞋、绝缘手套和其他各种用品。

（12）检查和维修线路，机械设备、电闸箱、照明时，必须拉闸断点检查维修，必须挂严禁合闸标牌，并设专人看护。

（13）对电机、变压器、照明器具和手持电动工具的金属外壳，应作保护接零。

（14）搬运和移动用电设备，必须经电工切断电源并做妥善处理后方可进行搬迁或移动。

（15）每台用电设备应有各自的开关箱，必须实行"一机一闸"制，严禁用同一个开关电器直接控制两台及两台以上用电设备（含插座）。

（16）所有配电箱、开关箱每月检查和维修一次，检查人员必须是专业电工，检查和维修时，必须穿戴好一切防护用品和电工用的绝缘工具。

（17）安装、维修和拆除临时用电工程，必须由电工完成，电工必须持证上岗，穿戴防护用具应齐全，如绝缘鞋、绝缘手套，电工等级应同工程难易程度和技术复杂性相适应。

（18）各类用电人员应做到：

1）掌握安全用电基本知识和所用设备的性能。

2）使用设备前必须按规定穿戴好和配好相应的劳动保护用品，并检查电气装置和保护设施是否完好。严禁设备带"病"运转。

3）停电的设备必须拉闸断电，锁好开关箱。

4）负责保护所用设备的复核线，保护零线和开关箱。发现问题及时报告解决。

5）搬迁或移动用电设备，必须经电工切断电源并妥善处理后进行。

对违反以上制度中任何一条者，处以一定数额的罚款，造成严重后果的处以高额罚款。

11. 接地与防雷工程包括哪些内容？

答：接地与防雷工程包括如下内容：

（1）在施工现场中专用的中性点直接接地的电力线路中必须采用 TN—S 接零保护系统。电气设备的金属外壳必须与专业保护零线连接。专用保护零线（简称保护零线）应由工作接地线、配电室零线或第一级漏电保护器电源侧的零线引出。

（2）当施工现场与外电线路共用同一供电系统时，电气设备应根据当地的要求作保护接零或作保护接地。不得以部分设备作保护接零另一部分设备作保护接地。

（3）作防雷接地的电气设备，必须同时作重复接地。同一台电气设备的重复接地与防雷接地可使用同一个接地体，接地电阻应符合重复接地电阻值的要求。

（4）在只允许作保护接地的系统中，因条件限制接地有困难时，应设置操作和维修电气装置的绝缘台，并必须使操作人员不致偶然触及外物。

（5）保护零线单独敷设，不作他用，重复接地线应与保护零线相连接。

（6）与电气设备相连的保护零线应为截面不小于 $2.5mm^2$ 的绝缘多股铜线。保护零线的统一标准为绿/黄双色线。在任何情况下不准使用绿黄双色线作负荷线。

（7）正常情况下，下列电气设备不带电的外露导电部分，应作保护接零。

1）电机、变压器、电器、照明器具和手持电动工具的金属外壳。

2）电气设备传动装置的金属部件。

3）配电屏与控制屏的金属柜架。

4）室内外配电装置的金属框架及靠近带电部分的金属围栏和金属门。

5）电力线路的金属保护管，辅线钢索，起重机轨道滑升模板金属操作平台。

12. 施工现场机械设备检查技术规程要求有哪些内容？

答：施工现场机械设备检查技术规程要求包括如下主要内容：

（1）起重机的变幅指示器、力矩限制器、起重量限制器以及各种行程限位开关等安全保护装置，应完好齐全、灵敏可靠，不应随意调整或拆除；严禁利用限制器和限位装置代替操纵机构。

（2）起重机的任何部位、吊具、辅具、钢丝绳、缆风绳和重物与架空输电线路之间的距离不得小于规范规定，否则应与有关部门协商，并采取安全防护措施后方可架设。起重机械与架空输电线路的安全距离应符合有关规范和规程的规定和要求。

（3）吊钩应符合下列规定：

1）起重机不得使用铸造的吊钩；

2）吊钩严禁补焊；

3）吊钩表面应光洁，不应有剥裂、锐角、毛刺、裂纹；

4）吊钩应设有防脱装置；防脱棘爪在吊钩负载时不得张开，安装棘爪后钩口尺寸减小值不得超过钩口尺寸的 10%；防脱棘爪的形态应与钩口端部相吻合；

5）吊钩出现下列情况之一时应予报废：

① 表面有裂纹或破口；

② 钩尾和螺纹部分等危险截面及钩筋有永久性变形；

③ 挂绳处截面磨损量超过原高度的 10%；

④ 开口度比原尺寸增加 15%；开口扭转变形超过 10°；

⑤ 板钩衬套磨损达原尺寸的 50%时，应报废衬套；

⑥ 板钩芯轴磨损达原尺寸的 5%时，应报废芯轴。

（4）制动及安全装置应符合下列规定：

1）运行终点应设置四套终点止挡架和灵敏、有效的行程限位装置；

2）各限位器应齐全、灵敏、有效；

3）导绳器移动应灵活，自动限位应灵敏可靠；

4）外露传动部分防护罩（盖）应完好齐全；应装有防雨罩；

5）进入起重机的门和司机室到桥架上的门，应设有电器连锁保护装置，当任何一个门打开时，起重机所有机构均应停止工作；

6）大车轨道铺设在工作面或地面时，起重机应设置扫轨板，扫轨板距轨面不应大于10mm；

7）应设置非自动复位型的紧急断电开关，并保证司机操作方便。

第二节　施工机械设备的购置、租赁知识

1. 施工项目机械设备选配的依据、原则和方法各是什么？

答：（1）施工项目机械设备选择的依据和原则

施工项目的组织管理工作以及施工活动都是一次性的，因为项目施工服务的机械设备也主要是在公司内部的机械设备租赁市场上去选择租赁，其选择的依据是：施工项目的施工条件、工程特点、工程量多少及工期要求等。选择的原则主要是：要适用于项目施工的要求、使用安全可靠、技术先进、经济合理。

（2）施工项目机械设备选择的方法

1）综合评分法。当有多台同类机械设备可供选择时，可以综合考虑它们的技术特性，通过对每种特性分级打分的方法比较其优劣。

2）单位工程量成本比较法。机械设备使用的成本费用分为可变费用和固定费用两大类。可变费用又称操作费，它随着机械的工作时间变化，如操作人员的工资、燃料动力费、小修理费、直接材料费等。固定费用是按一定施工期限分摊的费用，如折旧费、大修理费、机械管理费、投资应付利息、固定资产占用费等，租入机械的固定费用是要按期交纳的租金。在多台机械可供选用时，可优先选择单位工程量成本费用较低的机械。

3）界限时间比较法。

4）折算费用法（等值成本法）。当施工项目的施工期限长，某机械需要长期使用，项目经理部决策购置机械时，可考虑机械的原值、年使用费、残值和复利利息，用折算费用法计算，在预计机械使用的期间，按月或年摊入成本的折算费用，选择较低者

购买。

❓ 2. 怎样进行工程机械设备租赁与购买的经济对比分析?

答:随着市场经济体制的不断完善,机械设备行业在我国的发展如火如荼。这意味着施工企业将面临机械设备的租赁或购买两种决策。在这两种决策的经营活动过程中,利用新设备和新技术是不断提高生产效率的必然选择。可以从这两种决策不同的经营活动、对项目的影响及财务成本角度来入手,通过案例数据,综合考虑购买和租赁的经济性,对两种决策进行比较和分析,确定租赁或购买哪种决策能够实现对施工企业经济的最大效益化。

(1) 机械设备租赁和购买的经营过程分析与比较。

讲求经济效益是企业经营活动中永恒的法则,施工企业如此,租赁公司也同样如此。施工企业在经营过程中,如果购买设备,则投资在开始,收益在其后,而租赁机械设备则投资(租金支付)与收益均在经营过程中发生。正是由于这种差别,使施工企业的资金投入在时间上分布不同,由于资金的时间价值,导致了两种不同的经营方式,产生了不同的经济效益。通过对两种不同经营方式的经济效益分析,来获得租赁和购买的最优决策。

(2) 影响设备租赁与购买的主要原因在现实的环境里,有着很多不确定因素,到底是以何种方式操作才能获得最佳的经济效益。这就需要考虑以下几个方面的因素:

1) 若购买设备经济寿命不小于使用寿命,这类设备在整个寿命周期内都可取得一定的经济效益,维修、保养得好的情况下还可延长使用寿命,购买肯定更经济;反之当经济寿命大大低于使用寿命,这种情况下租赁可能是最好的选择。

2) 若当地设备租赁行业市场化程度高,竞争较为充分,且租赁有较大的优势,可以在当地最大程度获取项目建设所需的施工设备,则租赁合适;反之购买更实惠。

3) 如果购置设备的固定资产投入及运行成本超过采用设备

租赁方式所支付的全部总费用，那么租赁就有优势；反之购置更有优势。

4）租赁或购置对项目履约进度、质量和成本方面的影响。现代科技发展迅猛，升级换代很快，购买设备往往容易导致技术寿命缩短，效率降低，对工程进度、施工质量难以保障，不经济，而采用租赁形式可在一定程度上避免这种风险。

3. 购置、租赁施工机械设备的基本程序有哪些？

答：设备投资决策的程序和方法如下：

建筑施工企业在接到一个项目后，应根据工程的特点结合工期要求，在认真调研的基础上，本着降低成本、经济适用的原则来购置或租赁设备，决策的一般流程如下。

（1）工程项目中标

1）工程项目中标后，施工项目部应根据工程实际情况、工程进度和工程质量要求编制机械施工方案，并做出详细计划。内容包括设备能力、施工工程量、施工周期、设备进场计划、设备安装拆卸（含进出场）计划等。

2）设备管理人员根据机械施工方案要求，计算设备产能要求，确定设备规格、型号。

3）设备管理部门分别按租赁设备、购置设备方案组织进行决策信息调查。掌握即时的租赁市场行情信息（租赁单位调查、租赁市场的租赁价格、租赁费用构成进退场费用、出租单位设备状况、运输距离等）；对于拟购置设备，首先对市场主流品牌进行考察，主要是对设备用户施工现场进行考察，除了了解设备的性能状况外，故障率、售后服务、备件价格、能耗等与设备运行成本相关项目都是考查重点。

另外对于与设备购置及租赁方案测算紧密相关的主材、用水、用电价格也要进行调查。总之，基础信息调查是进行相关方案测算的依据，也是确定购置与租赁决策的基础，因此市场信息调查务必详尽。

（2）方案可行性测算

采用购买方案还是租赁方案主要应取决于这两种方案在经济上的比较分析，比较的原则和方法与一般通用的互斥投资方案比选法相同，可按如下步骤进行设备投资决策分析：

1）根据企业发展需求和项目机械施工方案，确定拟增加设备的品种、型号。

2）定性分析方案筛选。对于投资方案，应组织进行企业财务能力分析以及包括设备技术风险、操作使用、维护维修等特性。对于技术过时风险大、保养维护复杂、使用时间短的设备，原则上选择租赁方案；对技术过时风险小、使用时间长的大型设备。

3）定量分析优选方案

根据市场调查的基础信息，通过投资决策中的预测计算，通过计算结果结合企业及市场其他因素，做出自购还是租赁的决策。

（3）定性分析的原则

应考虑以下3个方面的情况：

1）分析自购设备及拟租赁设备的现金流量，考虑资金的时间价值，依据方案的经济性进行测算。

2）假定设备产生的收益相同，在进行方案优选时，只对费用（现金流出）进行比较。

3）由于不同设备方案的使用期限或寿命不同，采用等额年费用比较法来优选。

（4）设备投资中常用的分析方法

设备投资决策中常用的分析方法有净现值分析法、投资回收期分析法等。

1）净现值分析法：净现值是指在项目计算期内，基准收益率或其他设定折现率计算的各年净现金流量现值的代数和。

本方法是将所有未来现金流入和流出都按预定贴现率折算为相应现值，即：

$NPV_{购} = \Sigma NCF_n = i\,(P/A,\ i,\ n)$；$NPV_{租} = \Sigma NCF_n = i(P/A,\ i,\ n)$ 若 $NPV > 0$，说明方案可行；若 $NPV_{购} > NPV_{租}$，说明购置方案优于租赁方案，反之租赁方案优于购置方案。

2）投资回收期分析法：商务投资回收期是指设备投入使用后的净收益偿还全部投资所需的时间。它是反映该投资项目财务上偿还总投资的能力和资金周转速度的综合指标。

投资回收期越短，表明投资效果越好。根据是否考虑资金的时间价值，可将指标分为动态投资回收期和静态投资回收期。

4. 怎样进行机械设备租赁和购买的经营过程分析与比较？

答：讲求经济效益是企业经营活动中永恒的法则，施工企业如此，租赁公司也同样如此。施工企业在经营过程中，如果购买设备，则投资在开始，收益在其后，而租赁机械设备则投资（租金支付）与收益均在经营过程中发生。正是由于这种差别，使施工企业的资金投入在时间上分布不同，由于资金的时间价值，导致了两种不同的经营方式，产生了不同的经济效益。通过对两种不同经营方式的经济效益分析，来获得租赁和购买的最优决策。我们假设某施工企业需要购置一台价值 100 万元的机械设备（寿命周期 5 年，不计残值）去完成某项工期为 5 年的施工承包任务，预期该机械设备每年可获得 30 万元的利润，企业要求的收益率为 12%。

1）购买机械设备的经营过程计算：$P = 100$（万元）；$i = 12\%$；$n = 5$（年）；$A = 30$（万元）根据年金现值系数和净现值计算公式，得出现时价值 PW_1 为：$PW_1 = A(P/A,\ in) - P = 8.12$（万元）$> 0$，说明购买机械设备从事该项目的施工承包经营方案是可行的，并且按要求的收益率（$i = 12\%$），可获得盈利 8.12 万元。

2）租赁机械设备经营过程计算：从上述的分析可以看出，施工企业购买该机械设备进行经营是可行的，有利可图的，但是不是最优的选择方案呢？不妨再作一下租赁机械设备的经营过程计算，现假设施工企业能够从租赁公司租用到同样的机械设备（价值100万元），租赁公司要求的投资回报率为10%，投资回收期为5年，不计残值，假定租赁公司要求租金的支付方式为均匀租金（等年值）、期末支付，其5年内每年年末施工企业应支付的租金为A，则：$A=100(A/P, i, n)=26.38$（万元）。施工企业租赁机械设备进行经营，每年年末同样可获30万元的利润，且还要支付租赁公司的租金26.38万元。得出现时价值PW_2为：$PW_2=a(P/A, i, n)=(30-26.38)(P/A, 10\%, 5)=13.72$万元。$PW_2=13.72$万元$>0$。说明租赁机构设备进行经营是可行的，且按要求的收益率盈利显然$PW_2>PW_1$，即说明租赁机械设备经营比购买设备能创造更多的盈利。同理可得，$PW_1>PW_2$购买机械设备则优于租赁设备；$PW_1=PW_2$购买机械设备则与租赁等价。如何做到收益的最优决策，需要根据设备施工企业对设备的使用预算以及当时的环境决定。

5. 机械设备购置、租赁合同的注意事项有哪些？

答：无论是施工总承包还是专业承包，多数情况下，都是由承包人采购材料、设备。在一份施工合同中，材料、设备的采购量都是很大的，因而要签订大量的买卖合同。对于此类合同，应着重审查材料、设备供应商是否具有生产、销售（包括大型设备的安装、调试）相应产品的主体资格，其产品是否符合专用条款约定的条件，是否符合设计要求及强制性标准，供货是否有保障，能否提供产品合格证明，对产品的隐蔽缺陷能否提供担保等。

在由承包人采购材料、设备的情况下，应审查是否存在发包人指定生产厂或供应商的违法情形，按照合同约定，建筑材料、建筑构配件和设备由承包人采购的，发包人不得指定承包人购入用于工程的建筑材料、建筑构配件和设备或者指定生产厂、供应商。如果有，应告知承包人予以拒绝，或约定因材料、设备的质量原因造成损失的责任发包人应合理承担。若由发包人供应材料设备，应该提醒发包人，按照合同约定的时间供应由其供应的材料设备，并应对其供应材料设备的质量负责。在设备租赁合同中，对于租赁设备操作人员也要作相应的约定，包括操作人员的相应资质等。

项目部建立合同档案及分类管理办法、合同管理办法、合同印章、项目部印章管理办法、合同授权委托管理办法等，对材料、设备采购和租赁合同管理。项目部审查和修改各种材料、设备采购和租赁合同文本，做好重大专业采购租赁合同审查和合同签订过程协商谈判工作。

在合同履行过程中需注意的主要有：合同签约条款的审查；合同履行合理通知义务；违约行为的合理催告；收集我方有利证据；对违约责任造成法律后果的法律意见。

6. 施工前机械设备的检查验收应注意哪些事项？

答：（1）机械设备应由相应设备安装工程专业承包企业资质的单位安装。

（2）起重机械设备安装完成后，由施工总承包单位、使用单位、租赁单位和安装单位共同进行验收，验收合格后，必须报请当地特种设备监督检验机构进行检验（包括验收检验和定期检验），取得"安全使用许可证"后方可使用。验收不合格的，不得使用。

（3）施工现场必须制订机械设备分级安全检查制度，既总承包单位和分包单位的检查，现场机械设备管理人员的自查和监督检查。

（4）机械设备检查形式：日巡检、周检、月全面检查等，经检查发现有异常情况时，必须及时处理，消除不安全因素，严禁带病运转。

（5）施工现场每月组织一次月度全面检查。检查内容包括：金属结构和焊缝有无变形和开裂；连接螺栓的紧固情况；安全装置、制动器、离合器等有无异常情况；吊钩、抓斗、钢丝绳、滑轮组、索具、吊具等有无损伤；配电线路、集电装置、配电盘、开关、控制器等有无异常情况；液压保护装置、管道连接是否正常；顶升机构，主要受力部件有无异常和损伤；轨道的安全状况等。停用一月以上的，使用前应做好上列检查。

（6）施工现场的机械设备管理人员应对在用的机械设备进行日巡检，发现有违反岗位纪律、机械运转异常、保养不良、事故隐患、记录不全等情况，应立即采取措施予以纠正或排除，并作好检查记录。

（7）操作人员每天进行例行检查。检查的内容包括：限位器、制动器、离合器、控制器以及联锁装置、通讯装置、报警装置和防断绳装置的安全性能，轨道的安全状况，钢丝绳、索具、吊具的安全状况，行走电缆的绝缘及损坏情况，各部位的润滑情况等。

（8）大型施工项目及以上应配备专职机械设备管理人员，负责机械设备的正确使用和安全监督检查，确保机械设备和作业人员的安全。

（9）机械管理人员必须熟悉相关安全技术标准、规范、规程的要求，并严格执行，不得违章指挥；作业人员（包括操作人员、指挥人员、维修人员、起重工和电工等）必须熟悉相关安全技术规定，严格遵守岗位责任制、安全操作规程和安全制度，不得违章作业；作业中必须按规定穿、戴劳动保护用品和正确使用安全防护用具，并保持作业区整洁和安全设施的完整。

（10）特种设备作业人员应当按照国家有关规定，经特种设备安全监督管理部门考核合格，取得国家许可的特种作业人员证书，方可从事相应的作业或者管理工作。

建筑工程项目特点是工期短，任务重，工程地点变动大，工人和机械设备流动性大，制定和执行严格的管理制度和管理措施是机械设备安全施工的基本要求和保证。

第三节　施工机械设备安全运行、维护保养的基本知识

1. 施工机械设备安全运行管理的一般规定有哪些?

答：施工机械设备安全运行管理的一般规如下：

（1）施工中，必须使用有资质的企业生产的施工机械，具有合格证和完整的安装、使用、维修说明书。施工机械进场前，应经验收，确认合格。

（2）施工机械操作工必须经过专业培训，考核合格，取得建设行政主管部门颁发的操作证或公安交通主管部门颁发的机动车驾驶执照后，方可上岗。实习操作工必须在持证人员指导下操作。小型施工机具操作工应经过安全技术培训，考核合格后，方可上岗。

（3）机械上的各种安全防护装置和监测、指示、仪表、报警、信号等自动装置必须完好齐全，有缺损时应及时修复。安全防护装置不完整或已失效的机械严禁使用。

（4）电动机械的电气接线必须由电工操作，在露天和潮湿地区使用，应采取防潮保护措施。

（5）施工机械使用前，操作工应进行全面检查，确认机械各部完好，防护装置齐全有效，并经试运转，确认正常，方可作业。

（6）机械必须按照生产企业的使用说明书规定的技术性能、承载能力和使用条件，正确操作，合理使用。严禁超载作业或任意扩大使用范围。不得随意更换原机零部件，需要更换时，应由专业技术人员设计并试验、签订，确认符合要求后方可实施。

（7）机械不得带病运转。运转中发现不正常时，应立即停机检查，排除故障后方可使用。

（8）大型移动式机械的作业场地应平整、坚实，固定式机械应有可靠的基础，并安装稳固，机身应保持水平。

（9）大型移动式机械运转和作业时，现场应设专人指挥，指挥人员应站在安全处，确认周围符合安全要求后，方可向机械操作工发出指令。

（10）轮式、履带式机械起步前，必须观察周围环境确认安全，并鸣笛示警。

（11）电动机械必须在机械附近配备开关箱，且一机一闸。启动前，应检查电气接线，确认完好、无漏电；检查漏电保护装置，确认灵敏、可靠。使用中遇停电，必须关机断电并制动。

（12）机械运行中，严禁操作工和现场人员触摸运转的部件，并保持安全距离。

（13）机械运转中，操作工或驾驶人员严禁离开岗位，需离开岗位时，必须断电或熄火、制动，必要时应锁闭操作室或驾驶室。

（14）机械运转中严禁维修、保养。维修、保养机械必须在断电或熄火、制动和楔紧行走轮后进行。在机械悬空部位下作业时，必须将悬空部位支撑或支垫稳固。

（15）作业后必须断电或熄火、制动、操纵柄置于零位，移动式机械应停置于平坦、坚实、安全的地方，并锁闭驾驶室、操作室。

（16）机械集中停放场所应设专人值守，并应按规定设置消防器材；大型内燃机械应配备灭火器；机房、操作室和机械四周不得堆放易燃、易爆物品。

（17）在机械产生对人体有害的气体、液体、尘埃、渣滓、放射性射线、振动、噪声等场所，必须配置相应的安全防护设备和有毒有害物质处理装置；在管道、构物、沉井施工中，应采取措施，使有害物限制在规定的限度内。

2. 运输车辆的基本要求有哪些?

答：（1）启动前应进行重点检查。灯光、喇叭、指示仪表等应齐全完整；燃油、润滑油、冷却水等应添加充足，各连接件不得松动；轮胎气压应符合要求，确认无误后，方可启动。燃油箱应加锁。

（2）行驶中，应随时观察仪表的指示情况，当发现机油压力低于规定值，水温过高或有异响、异味等异常情况时，应立即停车检查，排除故障后，方可继续运行。

（3）严禁超速行驶。应根据车速与前车保持适当的安全距离，选择较好路面行进，应避让石块、铁钉或其他尖锐物体；遇有凹坑、明沟或穿越铁路时，应提前减速，缓慢通过。

（4）车辆涉水过河时，应先探明水深、流速和水底情况，水深不得超过排水管或曲轴皮带盘，并应低速直线行驶，不得在中途停车或换挡。涉水后，应缓行一段路程并轻踏制动器，使浸水的制动片上水分蒸发掉。

（5）停放时，应将内燃机熄火，拉紧平制动器，关锁车门。内燃机运转中驾驶员不得离开车辆，在离开前应熄火并锁住车门。

（6）在坡道上停放时，下坡停放应挂上倒挡，上坡停放应挂上一挡，并应使用三角木楔等塞紧轮胎。

（7）平头型驾驶室需前倾时，应清除驾驶室内物件，关紧车门，方可前倾并锁定。复位后，应确认驾驶室已锁定，方可启动。

3. 载重汽车管理的一般规定有哪些？

答：（1）启动前应检查信号和指示装置、制动系统、轮胎气压等，确认正常。

（2）行驶中遇有上坡、下坡、凹坑、明沟或通过铁路道口时，应提前减速，缓慢通过，不得中途换挡，不得靠近路边、沟旁行驶，严禁下坡空挡滑行。

（3）在泥泞、冰雪道路上行驶应降低车速，必要时应采取防滑措施。

4. 施工机械设备安全管理具体内容有哪些？

答：（1）公司制订施工机械设备安全管理制度，制度包括：

1）各类机械设备的使用维护技术规定；

2）机械设备安全责任制；

3）机械设备的安全检查制度；

4）冬季机械设备的维护和保养制度；

5）中小型机械设备的报废、申购制度。

（2）项目部根据公司的机械设备安全管理制度，结合现场的实际情况，组织相关单位制订本施工现场具体的机械设备安全管理规定，并报公司资产管理部和安全监察部审核备案。

（3）公司组建大型机械使用、维修、检测、安拆四个队伍。人力资源中心负责组织四个队伍相关人员的取证及复检工作。建立机械设备特种操作人员档案。

（4）大中型机械设备的拆装。

1）项目部根据施工计划，确定大中型机械设备的拆装计划。

2）机械设备拆装队编制拆装技术措施，报项目部总工批准。

3）施工前，机械设备拆装队根据拆装技术措施，对参加人员进行安全技术交底。

4）机械设备拆装队应指定专人负责，统一指挥，并要有技术人员和专职安全员在场监护。

5）机械设备安装结束后，项目部组织相关单位进行验收，并组织进行相关的试验及试运行，填写相关记录。

（5）机械设备的使用维护。

1）各专业公司根据相关管理制度，进行本单位机械设备的使用维护管理工作。

2）各专业公司建立所使用机械设备的使用维护记录档案。

3）对于大中型机械设备多班运行作业的要建立交接班制度。

4）确保特种机械操作人员持证上岗，并做到定人、定岗、定机。

5）组织机械设备操作人员进行机械设备运行安全技术交底。

6）监督检查运行操作人员的在作业前、作业中、作业后的使用维护工作及其记录的符合性。

7）监督检查机械设备操作人员的日常保养工作。

8）对于影响安全使用的机械设备，按相关规定及时进行报修或报废处理。

（6）机械设备的定期保养。

1）在施工初期，使用单位针对机械设备的使用状况及施工计划，制订定期保养计划并组织实施。大中型机械设备定期保养计划报公司资产管理部批准，报项目部备案。

2）使用单位制订交通机械设备的定期保养计划，并组织实施。

3）公司资产管理部负责与政府相关的检查部门联系工作。

（7）机械设备安全检查。

1）项目部定期组织机械设备安全检查，对不符合的填写机械设备整改单限期整改。

2）专业公司定期进行机械设备安全检查，发现问题及时整改。

3）公司资产管理部和安全监察部定期组织对公司大中型机械设备进行检查。

5. 施工机械设备使用运行中的管理的内容有哪些?

答：（1）各单位根据上级有关法规、使用说明书和本企业编制的各类施工机械设备的安全技术操作规程，一般施工机械设备可参照《建筑机械使用安全技术规程》JGJ 33，建筑塔式起重机可参照《塔式起重机操作使用规程》JG/T 100。施工设备的安全技术操作规程随现行法规的变动或更新应及时进行修正。

（2）对从事起重、电梯、厂内机动车驾驶等特种作业人员按有关规定必须进行特种作业的培训，取得技术监督局核发的操作证方可上岗作业；特种作业人员的培训、取证及证书管理工作统一由安监部管理。

（3）大型施工机械设备多班轮流操作的，应做好交接班工作，交接班应有记录，交接班记录应保存一年。

（4）大中型起重设备，填写"起重机运行维护记录"、"施工机械设备日常使用维护记录"并进行保存。

（5）施工机械设备在使用中应尽量采取相应措施降低机械噪声，具体见《建筑施工场界环境噪声排放标准》GB 12523。

6. 施工现场机械设备维修及保养制度有哪些？

答：为使机械设备处于良好的安全状态，确保机械设备对环境影响达标，延长使用寿命，应对机械设备实行单级或多级的定期保养，定期保养时贯彻预防为主的原则，特制定本制度。

设备的定期保养周期、作业项目、技术规范，必须遵守设备各组成和零部件的磨损规律，结合使用条件，参照说明书的要求执行。

定期保养一般分为例行保养和分级保养：分级保养分二级保养，以清洁、润滑、紧固、调整、防腐为主要内容。

例行保养是由机械操作工或设备使用人员在上下班或交接时间进行的保养，重点是清洁、润滑检查，并做好记录。

一级保养由机械操作工或机组人员执行，主要以润滑、紧固为重点，通过检查、紧固外部紧固件，并按润滑周期表加注润滑脂，加添润滑油，或更换滤芯。

二级保养由机管员，协同机械操作工、机修工等人员执行，主要以紧固调整为重点，除执行一级保养作业项目外，还应检查电气设备，操作系统，传动、制动、变速和行走机构的工作装置，以及紧固所有的紧固件。

各级保养均应保证其系统性和完整性，必须按照规定或说明书规定的要求如期执行，不应有所偏废。

项目部机管员应每月督促操作工进行一次等级保养，并保存相应记录，汇总后备查。

机械设备的修理，按照作业范围可分为小修、中修、大修和项目修理。

小修：小修是维护性修理，主要是解决设备在使用过程中发生的故障和局部损伤，维护设备的正常运行，应尽可能按功能结合保养进行并做好记录。

项目修理：以状态检查为基础，对设备磨损接近修理极限前的总成，有计划地进行预防性、恢复性的修理，延长大修的周期。

中修：大型设备在每次转场前必须进行检查与修理，更换已磨损的零部件，对有问题的总成部件进行解体检查，整理电气控制部分，更换已损的线路。

大修：大多数的总成部分即将到达极限磨损的程度，必须送生产厂家修理或委托有资格修理的单位进行修理。

通过定期保养，减少施工机械在施工过程中的噪声、振动、强光对环境造成的污染；在保养过程中产生的废油、废弃物，作业人员及时清理回收，确保其对环境影响达标。

7. 一般机械设备的日常维护保养要求是什么？

答：（1）设备的维护保养一般要求

通过擦拭、清扫、润滑、调整等一般方法对设备进行护理，以维持和保护设备的性能和技术状况，称为设备维护保养。设备维护保养的要求主要有四项：

1）清洁。备内外整洁，各滑动面、丝杠、齿条、齿轮箱、油孔等处无油污，各部位不漏油、不漏气，设备周围的切屑、杂物、脏物要清扫干净。

2）整齐。工具、附件、工件（产品）要放置整齐，管道、线路要有条理。

3）润滑良好。按时加油或换油，不断油，无干磨现象，油压正常，油标明亮，油路畅通，油质符合要求，油枪、油杯、油毡清洁。

4）安全。遵守安全操作规程，不超负荷使用设备，设备的安全防护装置齐全可靠，及时消除不安全因素。

（2）设备的维护保养内容

一般包括日常维护、定期维护、定期检查和精度检查，设备润滑和冷却系统维护也是设备维护保养的一个重要内容。设备的日常维护保养是设备维护的基础工作，必须做到制度化和规范化。对设备的定期维护保养工作要制定工作定额和物资消耗定额，并按定额进行考核，设备定期维护保养工作应纳入车间承包责任制的考核内容。设备定期检查是一种有计划的预防性检查，检查的手段除人的感官以外，还要有一定的检查工具和仪器，按定期检查卡执行，定期检查又称为定期点检。对机械设备还应进行精度检查，以确定设备实际精度的优劣程度。设备维护应按维护规程进行。设备维护规程是对设备日常维护方面的要求和规定，坚持执行设备维护规程，可以延长设备使用寿命，保证安全、舒适的工作环境。其主要内容应包括：

1）设备要达到整齐、清洁、坚固、润滑、防腐、安全等的作业内容、作业方法、使用的工器具及材料、达到的标准及注意事项；

2）日常检查维护及定期检查的部位、方法和标准；

3）检查和评定操作工人维护设备程度的内容和方法等。

8. 设备的三级保养制包括哪些内容?

答：三级保养制是我国 20 世纪 60 年代中期开始，在总结苏联计划预修制在我国实践的基础上，逐步完善和发展起来的一种保养修理制度，它体现了我国设备维修管理的重心由修理向保养的转变，反映了我国设备维修管理的进步和以预防为主的维修管理方针。三级保养制内容包括：设备的日常维护保养、一级保养和二级保养。三级保养制是以操作者为主对设备进行以保为主、保修并重的强制性维修制度。三级保养制是依靠群众、充分发挥群众的积极性，实行群管群修，专群结合，搞好设备维护保养的有效办法。

（1）设备的日常维护保养

设备的日常维护保养，一般有日保养和周保养，又称日例保和周例保。

1）日例保。日例保由设备操作工人当班进行，认真做到班前四件事、班中五注意和班后四件事。

① 班前四件事。消化图样资料，检查交接班记录。擦拭设备，按规定润滑加油。检查手柄位置和手动运转部位是否正确、灵活，安全装置是否可靠。低速运转检查传动是否正常，润滑、冷却是否畅通。

② 班中五注意。注意运转声音，设备的温度、压力、液位，电气、液压、气压系统，仪表信号，安全保险是否正常。

③ 班后四件事。关闭开关，所有手柄放到零位。清除铁屑、脏物，擦净设备导轨面和滑动面上的油污，并加油。清扫工作场地，整理附件、工具。填写交接班记录和运转台时记录，办理交接班手续。

2）周例保。周例保由设备操作工人在每周末进行，保养时间为：一般设备 2h，精、大、稀设备 4h。

① 外观擦净设备导轨、各传动部位及外露部分，清扫工作场地。达到内外洁净无死角、无锈蚀，周围环境整洁。

② 操纵传动检查各部位的技术状况，紧固松动部位，调整配合间隙。检查互锁、保险装置。达到传动声音正常、安全可靠。

③ 液压润滑。清洗油线、防尘毡、滤油器，油箱添加油或换油。检查液压系统，达到油质清洁，油路畅通，无渗漏，无硬伤。

④ 电气系统。擦拭电动机、蛇皮管表面，检查绝缘、接地，达到完整、清洁、可靠。

（2）一级保养

一级保养是以操作工人为主，维修工人协助，按计划对设备局部拆卸和检查，清洗规定的部位，疏通油路、管道，更换或清洗油线、毛毡、滤油器，调整设备各部位的配合间隙，紧固设备的各个部位。一级保养所用时间为 4~8h，一保完成后应做记录并注明尚未清除的缺陷，车间机械员组织验收。一保的范围应是企业全部在用设备，对重点设备应严格执行。一保的主要目的是减少设备磨损，消除隐患、延长设备使用寿命，为工作到下次一保期间的生产任务在设备方面提供保障。

（3）二级保养

二级保养是以维修工人为主，操作工人参加来完成。二级保养列入设备的检修计划，对设备进行部分解体检查和修理，更换或修复磨损件，清洗、换油、检查修理电气部分，使设备的技术状况全面达到规定设备完好标准的要求。二级保养所用时间为 7 天左右。二保完成后，维修工人应详细填写检修记录，由车间机械员和操作者验收，验收单交设备动力科存档。二保的主要目的是使设备达到完好标准，提高和巩固设备完好率，延长大修周期。实行"三级保养制"，必须使操作工人对设备做到"三好"、"四会"、"四项要求"并遵守"五项纪律"。三级保养制突出了维护保养在设备管理与计划检修工作中的地位，把对操作工人"三好"、"四会"的要求更加具体化，提高了操作工人维护设备的知识和技能。三级保养制突破了原苏联计划预修制的有关规定，改进了计划预修制中的一些缺点、更切合实际。在三级保养制的推行中还学习吸收了军队管理武器的一些做法，并强调了群管群修。三级保养制在我国企业取得了好的效果和经验，由于三级保养制的贯彻实施，有效地提高了企业设备的完好率，降低了设备事故率，延长了设备大修理周期、降低了设备大修理费用，取得了较好的技术经济效果。

9. 精、大、稀设备的使用维护要求有哪些？

答：（1）四定工作

1）定使用人员。按定人定机制度，精、大、稀设备操作工人应选择本工种中责任心强、技术水平高和实践经验丰富者，并尽可能保持较长时间的相对稳定。

2）定检修人员。精、大、稀设备较多的企业，根据本企业条件，可组织精、大、稀设备专业维修或修理组，专门负责对精、大、稀设备的检查、精度调整、维护、修理。

3）定操作规程。精、大、稀设备应分机型逐台编制操作规程，加以显示并严格执行。

4）定备品配件。根据各种精、大、稀设备在企业生产中的作用及备件来源情况，确定储备定额，并优先解决。

（2）精密设备使用维护要求

1）必须严格按说明书规定安装设备。

2）对环境有特殊要求的设备（恒温、恒湿、防震、防尘）企业应采取相应措施，确保设备精度性能。

3）设备在日常维护保养中，不许拆卸零部件，发现异常立即停车，不允许带病运转。

4）严格执行设备说明书规定的切削规范，只允许按直接用途进行零件精加工。加工余量应尽可能小；加工铸件时，毛坯面应预先喷砂或涂漆。

5）非工作时间应加护罩，长时间停歇，应定期进行擦拭、润滑、空运转。

6）附件和专用工具应有专用柜架搁置，保持清洁，防止硬伤，不得外借。

10. 动力设备的使用维护要求有哪些?

答：动力设备是企业的关键设备，在运行中有高温、高压、易燃、有毒等危险因素，是保证安全生产的要害部位，为做到安全连续稳定供应生产上所需要的动能，对动力设备的使用维护应有特殊要求：

（1）运行操作人员必须事先培训并经过考试合格；

（2）必须有完整的技术资料、安全运行技术规程和运行记录；

（3）运行人员在值班期间应随时进行巡回检查，不得随意离开工作岗位；

（4）在运行过程中遇有不正常情况时，值班人员应根据操作规程紧急处理，并及时报告上级；

（5）保证各种指示仪表和安全装置灵敏准确，定期校验，备用设备完整可靠；

（6）动力设备不得带病运转，任何一处发生故障必须及时消除；

（7）定期进行预防性试验和季节性检查；

（8）经常对值班人员进行安全教育，严格执行安全保卫制度。

11. 提高设备维护水平的措施有哪些？

答：为提高设备维护水平应使维护工作基本做到三化，即规范化、工艺化、制度化。规范化就是使维护内容统一，哪些部位该清洗、哪些零件该调整、哪些装置该检查，要根据各企业情况按客观规律加以统一考虑和规定。

工艺化就是根据不同设备制订各项维护工艺规程，按规程进行维护。制度化就是根据不同设备不同工作条件，规定不同维护周期和维护时间，并严格执行。对定期维护工作，要制定工时定额和物质消耗定额并要按定额进行考核。设备维护工作应结合企业生产经济承包责任制进行考核。同时，企业还应发动群众开展专群结合的设备维护工作，进行自检、互检，开展设备大检查。

12. 重点机械设备的日常维护保养要求是什么？

答：维护保养工作包括如下内容：

设备的维护保养的好坏直接影响到设备的运作情况、产品的质量及企业的生产效率。正确使用与维护设备是设备管理工作的重要环节，是由操作工人和专业人员根据设备的技术资料及参数要求和保养细则来对设备进行一系列的维护工作，也是设备自身运动的客观要求。

（1）设备的检查

设备检查是及时掌握设备技术状况，实行设备状态监测维修的有效手段，是维修的基础工作，通过检查及时发现和消除设备隐患，防止突发故障和事故，是保存证设备正常运转的一项重要工作。

1）日常检查（日常点检）

日常检查是操作工人按规定标准，以五官感觉为主，对设备各部位进行技术状况检查，以便及时发现隐患，采取对策，尽量减少故障停机损失。对重点设备，每班或一定时间由操作者按设备点检卡逐项进行检查记录。维修人员在巡检时，根据点检卡记录的异常进行及时有效的排除，保证设备处于完好工作状态。

2）定期检查

按规定的检查周期，由维修工对设备性能进行全面检查和测量，发现问题除当时解决之外，还要对检查结果认真做好记录，作为日后决策该设备维修方案的依据。

3）精度检查

这是对设备的几何精度、加工精度及安装水平的测定、分析、调整。此项工作由专职检查员按计划进行，其目的是为确定设备的实际精度，为设备调整、修理、验收和报废提供参考依据。对设备进行各项检查、准确地记录设备的状态信息，能为日后维修提供可靠的依据及维修成本。

（2）日常保养

1）设备的日常保养可归纳为八个字：整齐、清洁、润滑、安全。

2）清洁：设备内外清洁干净；各滑动面、丝杆、齿条、齿轮、手柄手轮等无油垢、无损伤；各部位不漏油、漏水，铁屑垃圾清扫干净。

3）润滑：定时定量加油换油，油质符合要求，油壶、油枪、油杯齐全；油标、油线、油刮保持清洁，油路畅通。

4）安全：实行定人、定机、凭证操作和交接班制度；熟悉设备结构，遵守操作规程，合理使用，精心保养，安全无事故。

（3）二级保养

该级保养以操作工作为主，维修工作配合。保养周期可根据设备的工作环境和工作条件而定，如金属切削机械可定为400～600r/h，停歇时间和保养工时可按设备修理复杂系数计算。

1）二级保养内容

① 根据设备使用情况，进行部分零件的拆卸、清洗、调整，更换个别易损件；

② 彻底清扫设备内外部，去"黄袍"及污垢；

③ 检查、清理润滑油路，清洗油刮、油线、滤油器，适当添加润滑油，并检查滑动面的上油情况；

④ 对设备的各运动面配合间隙进行适当的调整；

⑤ 清扫电气箱（电工配合）及电气装置，做到线路固定整齐、安全防护牢靠；

⑥ 清洗设备附件及冷却系统；

2）保养标准

二级保养后达到设备内外清洁，呈现本色；油路畅通，油标明亮，油位清晰可见；操作灵活，运转正常。保养完毕后由专人负责验收，认真填写保养完工记录单。

13. 怎样进行设备的二级、三级修理？

答：设备在使用过程中，由于某些零部件的磨损、腐蚀、烧损、变形等缺省，影响到设备的精度、性能和生产效率，正确操作和精心维护虽然可以减少损伤，延长设备使用寿命，但设备运行毕竟会磨损和损坏，这是客观规律。所以，除了正确使用和保养外，还必须对已磨损的零部件进行更换、修理或改进，安排必要的检修计划，以恢复设备的精度及性能，保证加工产品质量和发挥设备应有的效能。

（1）设备维修方式

1）预防维修：为防止设备性能劣化或降低设备故障的概率，按事先规定的计划和技术条件所进行的维修活动。就是从预防"医疗"的立场出发，根据设备经常的检查记录或运转情况及时发现产品质量、生产效能存在不正常的征兆，在设备发生故障前就去进行预防性的修理改进。预防维修通常根据设备实际运作情况来编排计划。

2）故障维修：设备发生故障或性能降低时采取的非计划性维修，亦称事后维修。

3）生产维修：从经济效益出发提高设备生产效率的维修方法，它根据设备对生产的影响程度对待。不重要的设备采用事后维修，重点关键设备则进行预防维修。

4）预知维修：根据状态监测和诊断技术所提供的信息，在故障发生前进行必要和适当的维修，也称状态监测维修。

5）除以上几种维修方式外，还有改善维修，定期维修及无维修设计等方式。

（2）预防维修的意义

对设备进行的计划的预防维修，防患于未然，通过掌握设备的磨损规律，有计划把进行周期性的维护检修，是维持设备正常运转、最大限度发挥其功能的重要保证。

有计划的预防维修是设备管理工作的重要环节，也是企业生产、技术、财务计划的一个组成部分，正确和切合实际的预修计划，可以统一安排人力、物力及早做好修前准备工作，缩短设备停机时间，减少修理费用，既能按时检修设备，又能有计划有节奏地安排生产，做到生产、维修两不误。

（3）三级保养（亦称小修）

小修是以维修工人为主操作工人参加的定期检修工作。对设备进行部分解体、清洗检修，更换或修复严重磨损件，恢复设备的部分精度，使之达到工艺要求。

金属切削设备的保养间隔一般为 $2500 \sim 3000 r/h$，主要内容是：

  1）更换设备中部分磨损快、腐蚀快、烧损快的零部件；

  2）清洗部分设备零部件，清除紧固机件里的卡楔和螺丝；

  3）按照规定周期更换润滑脂；

  4）测量并记录设备的主要精度及部分零配件的磨损、烧损变形和腐蚀的情况。

（4）针对性修理（亦称项修）

针对设备的结构和使用特点及存在问题，在满足工艺要求的前提下，对设备的一个或几个项目进行部分修理。其工作量相当于设备大修的 20%～70%。

（5）整机大修

这是工作量最大的一种修理方式。大修设备全部问题，修理基准件，更换或修复所有损坏零配件，全面削除缺陷，恢复原有精度、性能、效率，达到出厂标准或满足工艺要求的标准。在设备进行大修时，应尽量结合技术改造进行，提高原设备的精度和性能。

除以上几种维修类别外，还有定期的清洗换油、修前预检以及对动力运行设备进行预防性试验，季节性的技术维护等维修方式，以确保不同类型设备的正常运行。

（6）验收标准

可将大修的验收标准分为验收精度、相关精度、无关精度三类，其中验收精度即项修中所恢复部位精度，必须达到出厂标准；相关精度则要求不低于修前精度即可；无关精度可不作检查。设备维护与维修工作与企业生产经营和效益密切相关，无论是大型企业，还是中、小型企业，都是不容忽视的，应引起各级领导及管理部门的重视，尤其是当前企业设备不断地更新，高精度、高效率、自动化设备日趋增多，更显出设备维护与维修工作的重要性。现代工业企业中，机械设备反映了企业现代化程度和科学技术水平，在企业生产经营过程中占据着日趋重要的地位，对企业产品的质量、产量、生产成本、交货期限、能源消耗及人机环境等都起着极其重要的作用。随着科技的迅速发展，企业的生产技术装备在不断更新，产品生产的自动化、连续化程度越来越高。所以，设备对企业的生存发展和市场竞争能力已占据着举足轻重的地位。

第四节　施工机械设备常见故障、事故原因和排除方法

1. 施工机械常见故障是怎样产生的？怎样杜绝和排除？

答：（1）不重视螺栓的选用，螺栓使用混乱的现象较突出

在维修工程机械时，乱用螺栓的现象还比较突出，因螺栓性能、质量不符合技术要求，导致维修后机械故障频出。工程机械使用的专用螺栓，如传动轴螺栓、缸盖螺栓、连杆螺栓、飞轮螺栓、喷油器固定螺栓等是用特殊材质经过特殊加工制成的，其强度大、抗剪切力强，确保联接、固定可靠。实际维修作业中，有些维修人员发现这些螺栓损坏或缺失时，一时找不到标准螺栓，有的随意取来其他螺栓替换，有的自行加工代用，这些螺栓因材质差或加工工艺不合格，给工程机械的后期使用留下故障隐患；有些部位需用"小螺距"的"细扣自紧"螺栓、铜螺栓、镀铜螺栓，却使用普通螺栓代替，导致出现螺栓自行松脱、拆卸困难等现象，如柴油机排气歧管固定螺母多为铜制，防止受热或使用时间过长不易拆卸，但在实际维修时，却多数使用了普通螺母，时间一长拆卸十分困难；有些螺栓经使用后会出现拉伸、变形等缺陷，有些技术要求规定拆装几次后必须换新的螺栓，因维修人员不了解这些情况，多次重复使用不合格的螺栓，也易导致机械故障或事故的发生。因此，在维修工程机械时，当螺栓损坏或丢失要及时更换符合要求的螺栓，切忌乱用螺栓。

（2）螺栓拧紧方法不当的情况较严重

工程机械各部位固定或联接螺栓多数有拧紧力矩要求，如喷油器固定螺栓、缸盖螺栓、连杆螺栓、飞轮螺栓等，有些规定了拧紧力矩，有些规定了拧紧角度，同时还规定了拧紧顺序。一些

维修人员不按规定力矩及顺序拧紧（有的根本不了解有拧紧力矩和顺序要求），不使用扭力（公斤）扳手，或随意使用加力杆，凭感觉拧紧，导致拧紧力矩相差很大。力矩不足，螺栓易发生松脱，导致冲坏气缸衬垫、轴瓦松动、漏油、漏气；力矩过大，螺栓易拉伸变形，甚至断裂，有时还会损坏螺纹孔，影响了修理质量。

（3）不注意检测零部件配合间隙的现象为数不少

柴油机活塞与缸套配合间隙、活塞环"三隙"、活塞顶隙、气门间隙、柱塞余隙、制动蹄片间隙、主从动齿轮啮合间隙、轴承轴向和径向间隙、气门杆与气门导管配合间隙等，各类机型都有严格的要求，在维修时必须进行测量，对不符合间隙要求的零部件要进行调整或更换。实际维修工作中，不测量配合间隙而盲目装配零部件的现象为数不少，导致轴承早期磨损或烧蚀、柴油机烧机油、起动困难或爆燃、活塞环折断、机件撞击、漏油、漏气等故障，有时甚至会因零部件配合间隙不当，导致机械严重损坏事故的发生。

（4）不成对、成套更换偶件或组件的情况

工程机械上有很多偶件，如柴油机燃油系统的柱塞副、出油阀副、喷油嘴针阀副偶件；驱动桥主减速器内的主、从动齿轮；液压操纵阀中的阀块与阀杆；全液压转向器中的阀芯与阀套等，这些配合偶件在工厂制造时经过特殊加工，成对研磨而成，配合十分精密，在使用的寿命期内始终成对使用，切不可互换；一些相互配合组件，如活塞与缸套、轴瓦与轴颈、气门与气门座、连杆大头瓦盖与杆身等，经过一段时间的磨合使用，相对配合较好，在维修时，也应注意成对装配，不要弄串；柴油机连杆、活塞、风扇皮带、高压油管、挖掘机中央回转接头油封、推土机主离合器胶布节等，这些一台机械同时使用一套的配件，发生损坏一定要成套更换，否则由于配件质量差别大、新旧程度不同、长短尺寸不一，会导致柴油机运转不稳、液压系统漏油、载荷集中现象严重、更换的配件易早期损坏等。在实际维修工作中，有人为了减少开支、有人不了解技术要求，不成对或成套更换上述零部件的情况还不少见，降低了工程机械的维修质量，缩短了机件寿命，增加了故障发生的可能性，应引起足够的重视。

（5）装配时零部件装反的情况

在维修工程机械时，一些零部件装配有着严格的方向要求，只有正确安装，才能保证零部件正常工作。有些零部件外部特征不明显，正反都可以安装，在实际工作中时常出现装反的情况，导致零件早期损坏、机械不能正常工作、工程机械损坏事故等。如发动机气缸衬垫、不等距气门弹簧（如 F6L912 柴油机）、发动机活塞、活塞环、风扇叶片、齿轮油泵侧板、骨架油封、止推垫圈、止推轴承、止推垫片、挡油圈、喷油泵柱塞、离合器摩擦片盘毂、传动轴万向节等，这些零部件在安装时，如不了解结构及安装注意事项，最易装反，致使装配后工作不正常，导致工程机械故障的发生。如 1 台 4120F 柴油机更换活塞环后，柴油机冒蓝烟，考虑可能是机油加注过多或者活塞环对口所致。检查机油油量正常，拆下一个缸的活塞连杆组，发现活塞环未"对口"，但却把气环装反了，检查其他各缸活塞环也都装反了。该机使用内切槽式扭曲气环，安装时要求内切口朝上，维修人员恰恰装反了，由于内切槽活塞环装反时极易出现活塞"泵油"现象，使机油沿环切口处上窜到燃烧室内燃烧。因此，维修人员在装配零部件时，一定要掌握零部件的结构及安装方向要求，不可想当然盲目安装。

（6）维修方法不正规，"治标不治本"仍是一些维修单位惯用的手段

在维修工程机械时，一些维修人员不采取正确的维修方法，认为应急措施是万能的，以"应急"代"维修"，"治标不治本"的现象还很多。如经常遇到的"以焊代修"，就是一例，一些部件本可进行修理，但有些维修人员图省事，却常采用"焊死"的方法。

当发现工作装置动作缓慢或转向困难时，不查故障原因，盲

目调高系统的工作压力，导致系统压力过高，易损坏油封、管路、液压元件等；为了使柴油机"有劲"，人为调大喷油泵的供油量和调高喷油器喷油压力。这些不正规的维修方法只能应急，却不可长期使用，必须从根本上查出故障原因，采取正规的维修方法排除故障，应引起维修人员的注意。

（7）垫片使用不规范，随意使用的现象仍然存在

工程机械零部件配合面间使用的垫片类很多，常用的有石棉垫、橡胶垫、纸板垫、软木垫、毛毡垫、有色金属垫（铜垫、铝垫）、铜皮（钢皮）石棉垫、绝缘垫、弹簧垫、平垫等。一些用来防止零部件配合面间漏油、漏水、漏气、漏电，一些起紧固防松作用。每一类垫片使用的时机和场合有不同的规定和要求，在维修工程机械时，垫片使用不规范甚至乱用的现象还比较严重，导致配合面间经常发生泄漏，螺栓、螺母自行松动、松脱，影响工程机械的正常使用。如发动机气缸垫过厚，导致压缩比降低，发动机起动困难；喷油器与气缸盖配合面间使用铜垫片，如使用石棉垫代替，易使喷油器散热不良发生烧蚀；柴油机输油泵和喷油泵结合面间垫片过厚，导致输油量及输油压力不足，柴油机功率下降；如漏装弹簧垫、锁紧垫、密封垫，致使接合不紧，易发生松动或漏油等现象；因垫片中间有孔而忘记开孔导致油道、水道堵塞，发动机烧瓦抱轴、水箱开锅的现象也经常发生。在此提醒广大维修人员维修工程机械时，切记"垫片虽小用处大"。

（8）"小件"好坏不重视，因"小"失"大"导致故障增加

在维修作业时，一些维修人员往往只重视喷油泵、输油泵、活塞、缸套、活塞环、液压油泵、操纵阀、制动、转向系统等零部件的维护，却忽视了对滤清器、溢流阀、各类仪表等"小件"的保养，他们认为这些"小件"不影响机械的工作，即使损坏也无关紧要，只要机械能动就凑合着用，殊不知，正是这些"小件"缺乏维护，导致机械发生早期磨损，缩短使用寿命。如工程机械使用的柴油滤清器、机油滤清器、空气滤清器、液压油滤清器、水温表、油温表、油压表、感应塞、传感器、报警器、预热

塞、油液滤网、水箱盖、油箱盖、加机油口盖、黄油嘴、储气筒放污开关、蓄电池箱、喷油器回油接头、开口销、风扇导风罩、传动轴螺栓锁片等，这些"小件"是工程机械正常工作及维护保养必不可少的，对延长机械的使用寿命至关重要，在维修作业时，如不注意维护保养，常会"因小失大"，导致工程机械故障的发生。

（9）维修禁忌忘脑后，隐性故障频繁出

维修工程机械时，有些维修人员不了解维修中应注意的一些问题，导致拆装中经常出现"习惯性"的错误，影响机械的维修质量。如热车拆装发动机气缸盖，易导致缸盖变形裂纹；安装活塞销时，不加热活塞而直把活塞销打入销孔内，导致活塞变形量增大，椭圆度增加；曲轴主轴瓦或连杆瓦背加铜垫或纸垫，易堵塞油道，导致烧瓦抱轴事故；在维修柴油机时过量刮削轴瓦，轴瓦表面的减摩合金层被刮掉，导致轴瓦钢背与曲轴直接摩擦发生早期磨损；拆卸轴承、皮带轮等过盈配合零部件时不使用拉力器，硬打硬敲，易导致零部件变形或损坏；启封新活塞、缸套、喷油嘴偶件、柱塞偶件等零件时，用火烧零件表面封存的油质或腊质，使零件性能发生变化，不利于零件的使用。

（10）零件除污、清洗不彻底，早损、腐蚀常发生

维修工程机械时，正确清除零部件表面的油污、杂质对提高修理质量，延长机械使用寿命有着重要意义。由于不注意加强零件的清洗、清洗剂选用不合理、清洗方法不当等，导致零部件早期磨损、腐蚀性损坏的现象，在一些修理中还时有发生。如不彻底清除缸套台阶、活塞环槽内积炭、螺栓孔内杂物、液压元件内砂粒，导致螺栓扭矩不足、活塞环易折断、缸垫烧蚀、液压元件早期磨损。在大修工程机械时，不注意清除柴油滤清器、机油滤清器、液压油滤清器、柴油机水套、散热器表面、润滑油油道等处积存的油污或杂质，使维修工作不彻底，减少工程机械无故障运行时间。修理人员在清洗零部件时，一要正确选用清洗剂。对各种零部件的清洗，应根据它们对清洁度的不同要求，正确选用

不同的清洗剂。二要防止零部件腐蚀、生锈。为确保零部件质量，应防止零部件腐蚀生锈，尤其对精密零部件更不允许有任何程度的腐蚀或生锈。因此在清洗时，不可用碱性清洗剂（特别是强碱清洗剂）清洗铝合金类零部件（如铝金气缸盖等），更不可用强酸清洗剂清洗铜类零部件（如节温器主阀），以最大限度地减少机件的腐蚀。三是不同零部件应分类清洗。铝合金类零部件、铜类零部件不宜放在碱性或酸性清洗剂中一道清洗，橡胶类零部件不宜和其他钢铁类零件放在汽、柴油及酸、碱性清洗剂中一起清洗。

2. 施工机械事故原因有哪些？事故的教训有哪些？怎样避免机械事故的发生？

答：（1）机械事故产生的原因

1）事故直接原因。使用时施工升降机上极限曲臂未固定，使高度电气限位功能失效，上极限限位撞块、天轮架未安装，使高度机械限位功能失效；无证上岗司机违章操作，将吊笼开出导轨架，此时无任何安全保护装置对吊笼起限位保护作用，导致吊笼冒顶倾翻坠落等。

2）事故主要原因。

① 管理混乱：a. 安装单位未制定施工升降机安装的技术监管措施和组织措施，未落实严格的安装验收手续，施工升降机尚未安装结束就交付使用；b. 安排无证人员安装设备、无证人员担任司机。

② 设备使用单位未履行施工升降机交接验收手续，就安排工人搭乘施工升降机，默许无证人员操作施工升降机。

③ 施工升降机生产厂家未按订货合同完全履行相应的安装技术指导、设备调试职责，技术人员在施工升降机未安装结束的情况下就撤离现场。

④ 监理单位对尚未安装结束的施工升降机投入使用的情况失察。

（2）事故的教训

1）设备安装、使用单位内部管理混乱，企业领导安全意识淡薄，不遵守有关安全的法律法规，导致事故发生。

① 安装单位未制定详细的施工升降机安装方案、安全技术监管措施和验收方案，也未进行安全技术交底，安排无证人员安装起重机械，导致上行程上极限限位撞块、天轮架、天轮、对重均未安装；设备安装后，也未进行必要的试验、检查、验收，就将设备交付给使用单位并出具书面通知自称已安装验收完毕。单位安装单位的行为违反了《建设工程安全生产管理条例》第十七条"施工起重机械安装完毕后，安装单位应当自检，出具自检合格证明，并向施工单位进行安全使用说明，办理验收手续并签字"的规定。

② 设备使用单位未组织有关单位（总承包单位、分包单位、出租单位和安装单位）共同进行验收即启用设备，违反了《建设工程安全生产管理条例》第三十五条"施工单位在使用施工起重机械前，应当组织有关单位进行验收，在验收前应当经具有相应资质的检验检测机构监督检验合格"的规定。

③ 设备使用单位安排无证（《特种作业人员证书》）人员操作施工升降机，并默许工人搭乘吊笼登高，违反了《特种设备安全监察条例》第三十九条"起重机械作业人员，应当按照国家有关规定经特种设备安全监督管理部门考核合格，取得国家统一格式的特种作业人员证书，方可从事相应的作业"的规定。

2）施工总承包单位和监理单位未履行安全监督管理责任。

施工总承包单位和监理单位不但在设备安装时未到场监督设备安装过程，设备投入使用前也未过问设备的安全技术状况，对施工现场的安全施工疏于管理。

3）设备生产厂家未能全面履行合同。

本次事故的施工升降机是使用单位租赁的新设备。按合同规定，该设备第一次安装时，厂家技术人员有义务到现场进行技术指导，直至全面检查、调试、验收合格后方可离开现场。但该厂技术人员在设备尚未安装结束，设备未进行试运转、验收合格后就匆匆离开现场，生产厂家存在失职行为。

（3）避免事故的措施

设备安装单位应严格按照"标准"、"规范"安装机械设备，才能保证设备的安全使用施工升降机是用于高层建筑施工的垂直运输设备，可运载施工材料与施工人员。该设备高度高、机械结构及电气装置较复杂，装备有防坠落安全锁、上下极限、上极限限位撞块、重量限制器、进出料门安全联锁装置、底座缓冲装置等多项安全保护装置。安装单位应按规范要求安装施工升降机，并检查导轨架的垂直度是否符合要求。使用前安装单位应对设备进行试运行、调试，并检验上述各种安全保护装置是否灵敏、可靠。确认安装、调试合格后，由具有合法专项资质的起重机械检测机构进行检测，检测合格后，再由安装单位、使用单位组织有关技术人员验收并办理验收手续后，方可交付使用。应严格按照程序办事，才可以避免事故的发生。

3. 施工机械造成的故障后果有哪些？故障原因分析及其步骤有哪些？

答：（1）施工机械造成的故障后果

1）隐蔽性故障后果：隐蔽性故障没有直接的影响，但它有可能导致严重的、经常是灾难性的多重故障后果。

2）安全性和环境性后果：如果故障会造成人员伤亡，就具有安全性后果；如果由于故障导致企业违反了行业、地方、国家或国际的环境标准，则故障具有环境性后果。

3）使用性后果：如果故障影响生产（产量、产品质量、售后服务或除直接维修费用以外的运行费用），就认为具有使用性后果。

4）非使用性后果：划分到这一类里的是明显功能故障，它们既不影响安全也不影响生产，它只涉及直接维修费用。

（2）故障原因分析及其步骤

故障分析的目的不仅在于判别故障的性质，查找故障的原因，更重要的在于将故障机理识别清楚，提出有效的改进措施，以预防故障重复发生。通过故障分析，找到造成故障的真正原因，从设计、材料选择、加工制造、装配调整、使用与保养等方面采取措施，提高机械产品的可靠性。例如：离心泵在运转过程中，由于机械本身的原因、工艺操作或高温、高压、物料腐蚀等使用条件的原因，往往会造成各种故障如扬程降低、流量不足、有异常噪声和振动等。通过对故障情况的具体分析，找出原因，采取措施，才能使设备正常运转，同时，也可以指导设计、加工、装配、使用与保养，提高机械产品的可靠性。在分析故障时，一般是从故障的现象入手，通过故障现象找出原因和故障机理。故障原原因分析是一门综合性科学，涉及系统分析、结构分析、测试分析以及疲劳、断裂、磨损等各种学科的知识。对故障分析主要包括以下步骤：

1）现场调查。主要包括收集发生故障的时间、环境、顺序等背景数据和使用条件；故障现场摄像或照相；收集和整理故障件的主要历史资料如设计图样、操作规范、验收报告、故障情况记录和维修报告等；对故障件进行初步检查、鉴别、保存和清洗等。

2）分析并确定故障原因和故障机理。主要包括对故障的无损检验性能试验、断口的宏观与微观检查等检查与分析；必要的理论分析和计算如强度、疲劳、断裂力学分析及计算等；初步确定故障原因和机理。

3）分析结论。当每一件故障分析工作做到一定阶段或试验工作结束时，都要对所获得的全部资料、调查记录、证词和测试数据，按设计、材料、制造、使用四个方面是否有问题来进行集中归纳、综合分析和判断处理，提出一个结论明确、建议中肯的报告；一方面是为了改进工作积累资料交流经验；另一方面也是为索赔和法律仲裁提供依据。

4. 工程机械故障的排除及维修包括哪些内容？

答：工程机械故障85％以上是由磨损产生的。解决零部件的磨损，除了采用优良的材料，选择先进的制造工艺、设计合理的机械结构外，最重要的一点就是保证机械的合理润滑，还需要操作人员的细心操作等。对于工程机械，一要尽可能减少零部件的磨损，预防故障的产生；二要灵活运用修理方法，不断探索和研究新的维修方法，野外工程机械维修，由于有配件、材料、吊装设备等的困难，要求维修人员充分发挥聪明才智来尽快解除故障。

（1）保证机械的合理润滑。工程机械的故障 50% 以上是由润滑不良引起的。由于工程机械各零部件配合的精密性，良好的润滑可以保持其正常的工作间隙和适宜的工作温度，防止灰尘等杂质进入机械内部，从而降低零件的磨损速度，减少机械故障。正确合理的润滑是减少机械故障的有效措施之一。为此，一是要合理使用润滑剂，根据机械结构的不同，选用不同的润滑剂类别，按照环境和季节的不同，选择合适的润滑剂牌号。不可任意替代，更不可使用伪劣产品；二是要经常检查润滑剂的数量和质量，数量不足要补充，质量不佳要及时更换。

（2）细心合理的操作机械。作为机械操作人员启动机械前均应检查冷却液及机油是否够，不足要及时补充后再启动机械。机械启动后要进入低速预热阶段，待冷却液及机油达到规定温度后，再开始工作，严禁低温下进行超负荷运转。操作人员在机械运行中，要经常检查各种温度表的数值，发现问题及时解决后再工作。在工程机械施工时，要注意不能在超过机械所能承受的最大负荷下工作，要均匀加减油门，保证机械处于较为平稳的负荷变动，防止发动机、工作装置的大起大落，降低机械的磨损程度，减少故障的产生。

（3）现场应急维修。

1）零件修理法。采用机械加工、焊接、研磨等方法快速修复损坏的零件。例如一台输送泵，料斗的搅拌轴因磨损严重突然不能工作，配件一时又难以买来。这种情况下，可将搅拌轴拆下，采用堆焊及车床加工的方法，迅速恢复机械的作用，同时也节约了资金。

2）零件换用或替代修理法。用完好备件替换已经损坏的配件，在大修及现场维修时均可采用。同时可以充分利用身边材料，替代工程机械已经损坏的零部件。

3）零件弃置法。超过已经产生故障的零件，将管路或电路连接起来，快速恢复工程机械作业。

5. 机械设备现场抢修八大方法各是什么？

答：机械设备在行驶或作业时往往会出现意想不到的损坏，需要实施现场抢修。但现场修理受设备、配件、工具及油料等诸因素影响，且环境较差，因此要求修理人员能充分利用现有条件，采用一些快速实用修理方法。

（1）换件修理法

用完好备用零部件更换已经损坏的零部件。此法不论平时大修或是现场快速修理时均可采用。换件前，对总成部件的拆装工艺和配合要求必须搞懂。拆卸轴承、齿轮、胶带轮和液压件等零件时，要用专用工具，以免造成零件损坏。分解变矩器、变速器、发动机总成件时，须严格按照拆卸工艺要求进行，避免轴颈划伤和精密偶件配合面损坏。

（2）零件换位法

用自身零部件换位安装或将其改变安装位置和方向，以期达到恢复原有功能的一种修理方法。

（3）"栽丝"修理法

利用螺钉栽入机体或零部件体内，形成丝堵起密封作用。如，6135型柴油机缸体出现裂纹，裂纹长约30mm。首先在裂纹的两端各钻一个止裂孔，然后按1、3、5、7排列顺序钻孔攻螺纹并拧入铜螺钉，再钻2、4、6、8螺孔，用同样方法拧入铜螺钉。钻孔时应保证相邻的两个螺钉有1/3重合量，拧入深度最好与该处壁厚一样，最后用手锤轻击螺钉头部使之密封，螺钉直径6～8mm为宜。

（4）改制替代法

这是一种就地取材，充分利用身边材料，替代工程机械已经损坏的零部件的一种修理方法。主要用于垫圈、油封、油管、散热器和导线等临时替代。

（5）短接弃置法

将工程机械液压系统、气路系统和燃油供给系统与电器设备中的油管、气管或电路进行短接，越过已经产生故障的零件而将管路可电路直接连接起来，快速地恢复工程机械的作业。

（6）"替代"修理法

这是一种就地取材、充分利用身边材料，替代工程机械已经损坏的零部件的一种修理方法。主要用于垫圈、油封、油管、散热器和导线等的临时替代。

（7）"短路"修理法

将机械液压系统、气路系统、燃油供给系统和电气设备中的油管、气管或电路进行短接，越过已经产生故障的零件而将管路或电路直接连接起来，如：一台 ZL50 型装载机由于驾驶员夜间未放掉冷却水，致使机油散热器冻裂，决定拆掉机油散热器冻裂。拆掉机油散热器，使机油管与机体油道接通，恢复了使用；一台 TL180 型快速推土机转向系溢流阀出现故障，采取"断路法"使其恢复了工作。即将溢流阀先导阀阀芯油孔堵死，或直接使溢流阀进油孔封闭，并要求驾驶员在作业时必须使发动机油门处于中等位置，不可在大油门工况下工作；一台 W-60C 型挖掘机工作中甲泵损坏，液压系统瘫痪，采用三通接头，将甲泵与乙泵的排油管相连，使乙泵单独向液压系统供油，及时地恢复液压系统工作；一台 ZL50 型装载机流量分配阀阀杆弹簧折断，一时无法换件，决定将阀杆拆掉，使阀体变成一个多通路的接头，连通油路。短接弃置法只是一种应急修理方法。

（8）"接骨"修理法

采用捆绑、焊接、夹板、粘补等方法快速修复损坏零件。总之，工程机械现场快速修理方法需要灵活运用，而且要不断地探索和研究新的快速修理方法。

第五节　施工机械设备的成本核算方法

1. 施工机械设备成本核算的原则和程序各是什么？

答：（1）机械使用费的核算

租入机械费用一般都能分清核算对象；自有机械费用应通过"机械作业"。归集并分配。其分配方法如下：

1）台班分配法。即按各成本核算对象使用施工机械的台班数进行分配。它适用于单机核算情形。

2）预算分配法。即按实际发生的机械作业费用占预算定额规定的机械使用费的比率进行分配。它适用于不便计算台班的机械使用费。

3）作业量分配法。即以各种机械所完成的作业量为基础进行分配。诸如，以 t/km 计算汽车费用。

（2）其他直接费的核算

其他直接费一般都可分清受益对象。发生时直接计入成本。

（3）间接费用的核算

间接费用的分配一般分两次，第一次是以人工费为基础将全部费用在不同类别的工程以及对外销售之间进行分配；第二次分配是将第一次分配到各类工程成本和产品的费用在分配到本类各成本核算对象中。分配的标准是，建筑工程以直接费为标准，安装工程以人工费为标准，产品（劳务、作业）的分配以直接费或人工费为标准。

2. 施工机械设备成本核算的主要指标包括哪些内容？

答：（1）抽取制造费用分配汇总表、按项目分列的制造费用明细账、与制造费用分配标准有关的统计资料及其相关原始记录。

1）审查。"制造费用"账户借方发生额归属的制造费用内容是否正常，开支的标准、发生的费用是否是应归属于本期的生产费，不符合规定的应剔除计税处理。

2）在制造费用分配汇总表中选择一个产品，核对其分摊的制造费用与相应的成本计算单的制造费用是否相符。

3）制造费用的分配、计算选择的标准和计算结果是否正确，分配的方法有无变更，防止采用不同的计算方法多分配应税产品成本，相应少分配免税产品成本。审查发现此类问题应重新正确计算，作出会计调整。

（2）审查"辅助生产成本"账户。辅助生产成本核算内容是为企业生产车间、管理部门、在建工程及辅助生产车间提供产品和劳务的车间所发生的费用。从服务的对象上看，非生产性部门占有一定的比例，正确分配辅助生产成本关系到正确计算产品成本。抽取辅助生产费用分配表、生产统计表等原始记录资料，从分配标准、费用分配方法、费用分配金额三个环节查证辅助生产成本分配是否真实、正确。

1）审查各车间的费用分配标准。审查是否将为基本建设、专项工程、福利部门提供的水、汽、机械加工、修理修配等劳务费用计入辅助生产；审查是否按实际受益对象进行分配，分配率是否正确，采用复算方法重新计算，对少分配或非生产性费用挤入生产成本的情况，调增计税利润。

2）审查分配方法。辅助生产分配方法较为复杂，审查应注意有无年度内任意改变分配方法，使各部门分配金额发生不正常波动的情况。如果存在这种情况，应按原方法进行计算，其差额调增（调减）计税利润。

3）审查费用分配金额。用辅助生产费用分配表与辅助生产车间统计表对照，当费用分配表中的分配金额大于生产统计表中的费用额时，应进一步查明辅助生产费用归集有无虚假，抑或统计有无差错。如证实生产统计表正确，即为多转生产成本的费用，应调增利润。

（3）审查费用确认的原则。会计制度规定，确认费用应遵守权责发生制原则。按照权责发生制原则，凡是属于本期的收入和费用，不论其款项是否已收到或支付，均作为本期收入和费用处理；反之，凡不属于本期的收入和费用，即使其款项已在本期收到或付出，也不应作为本期的收入或费处理。由此可见权责发生制才能真正按会计期间来正确反映各期的盈亏情况。主要审查发生的费用是否归属于本期产品负担，影响当期利润。企业生产经营过程中发生的跨期费用，在"预提费用"、"待摊费用"科目进行核算，审查该科目发生的费用是否应由本期产品成本来负担。应从费用真实性、合法性、计入成本时间和方法加以审查，审查时应注意两点：

1）待摊费用应严格划清资本性与收益性支出的界限。

2）审查预提费用计入当期成本的真实性、合法性，是否符合成本的列支范围、标准，计提金额是否正确，支付对象是否合理。

"待摊费用"科目的审查待摊费用是指企业本期已经支付或已经发生，但应由本期和以后各期分期按照费用支付或发生的受益期限平均摊入生产成本，且摊销期在一年以内的各项费用。

3. 施工机械的单机核算内容与方法是什么？

答：（1）单机单车核算内容

1）油料核算

油料节超奖罚＝单机油料消耗差×单机产量

油料平均消耗＝油料总消耗/总产量

单机油料平均消耗＝单机消耗量/单机总产量

单机油料消耗差＝油料平均消耗－单机油料平均消耗

2）修理费核算

暂不列入奖罚计算，配件核算暂不列入奖罚计算。

3）里程核算

里程核算不列入奖罚计算，只进行油耗和排方量比较，为单机单车核算提供参考依据。

4）轮胎核算

每月由成本小组鉴定轮胎等级，等级分为三级，新胎、旧胎及半新胎，旧胎更换一次按一次算，半新胎更换一次按两次算，新胎更换一次按三次算，由补胎工统计车辆轮胎更换次数，并作为月底计件工资发放的标准。

单车单次维修金额＝总的轮胎消耗金额/总次数

单车平均维修次数＝总次数/总台数

单车维修次数差＝单车维修次数－单车平均维修次数

轮胎节超奖罚＝单机单次维修金额×单车维修次数差

① 钻机、挖机、装载机、渣车、水车操作人员工资

工资总额＝固定工资＋计件工资（车数工资）＋效益工资（油料轮胎节超奖罚）。

计件工资＝本月完成产量（车）×单价。

效益工资＝油料及轮胎节超金额×奖罚系数（效益工资的奖罚系数，当发生节余时奖励系数根据现实情况确定，消耗超支时按超耗额的 20％从司机工资中全额扣除）。

② 补胎工工资＝固定工资＋计件工资

③ 其他人员

正式工按工资标准系数进行发放，临时工按当地工资标准协议发放。

（2）单机单车核算管理办法

单机单车核算管理办法包括如下内容：

1）统计机械设备的完好率、利用率，并按规定上报主管领导，便于上级了解机械状况、机械利用情况，以便上级做出合理及时的设备调配或设备更新，以确工程施工并降低成本。

2）按期公布单机、单车任务完成情况表。

第六节　施工临时用电安全技术规范和机械设备用电知识

1. 施工临时用电组织设计主要包括哪些方面的内容？

答：施工临时用电施工组织设计包括如下主要内容：

（1）工程概况。

（2）场地实际勘测结果描述。

（3）电源引入方案的确定及描述。

（4）供电系统设置的具体内容。

（5）配电箱的安装要求。

1）配电箱设置应尽量靠近负荷中心，使电能损耗和电压损失降至最少。避免设在多尘、低洼积水、妨碍车辆通行和施工的地方。

2）固定式配电箱的安装高度为 1.3～1.5m。

3）进出口必须在箱的底面，加设绝缘并卡固。

4）金属箱体必须可靠接地。

5）现场照明与动力回路分开敷设，单独设置漏电保护器和闸箱。

（6）现场临时用电检查。

1）建立现场临时用电的检查制度，每周定期检查一次。雨天后增加一次检查并做好相关记录。

2）设备进场安装后，进行绝缘遥测，然后每个月对主要设备（线路）做一次测试，并做好记录。

3）对于漏电保护器每两周做一次检查，对于性能达不到要求的漏电器必须更换。

4）重复接地、接地线安装后要进行检测，三个月后做一次复测，接地电阻必须符合要求。

（7）用电设备防护措施。

1）经常检查设备、线路的运行情况，不许超负荷运行，对于老化的线路及损坏的电气产品必须及时更换。

2）发生火灾后应立即切断电源，采用沙土、干粉灭火器等灭火，不能使用泡沫灭火器扑救电火灾。

3）电气施工操作时，应清除附近的易燃物。不能清除时应有防火措施。

（8）临时用电负荷计算及系统平面图布置图绘制。

2. 怎样做到安全用电？

答：随着科学技术和工、农业生产的发展，将出现更先进的电气安全技术，也将对电气安全工作提出更高的要求。电气安全工作是一项综合性的工作。安全是我们首要注意的。电是看不见摸不着的，稍微不注意，轻则无碍或受点伤，重则造成残疾更或者人身伤亡。这样不仅对个人，对家庭也造成伤害。

（1）采用安全电压

国家标准规定，安全电压额定值的等级为 42V、36V、24V、12V、6V。凡手提照明灯、危险环境和特别危险环境的局部照明灯、高度不足 2.5m 的一般照明灯、危险环境和特别危险环境中使用的携带式电动工具，如果没有特殊安全结构或安全措施，应采取 36V 安全电压。凡工作地点狭窄，行动不便，以及周围有大面积接地导体的环境（如金属容器内、隧道内），使用手提照明灯，应采用 12V 电压。

（2）保证电气设备的绝缘性能

足够的绝缘电阻能把电气设备的泄漏电流限制在很小的范围内，可以防止漏电引起的事故。不同电压等级的电气设备，有不同的绝缘电阻要求，并要定期进行测定。此外，还应正确使用绝缘用具，穿着绝缘靴、鞋。

（3）采用屏护

对周围的带电体或设备用遮栏、护罩等把带电体同外界隔绝开来，以减少人员直接触电的可能性。

（4）保证安全距离

为了防止人体触及和接近带电体，要特别注意电气安全距离。

（5）合理选用电气装置

从安全要求出发，必须合理选用电气装置，才能减少触电危害和火灾爆炸事故。电气设备主要根据周围环境来选择，例如，在潮湿和多尘的环境中，应采用封闭式；在有腐蚀性气体的环境中，必须采取密封式；在有易燃易爆危险的环境中，必须采用防爆式。

（6）装设漏电保护装置

装设漏电保护装置的主要作用是防止由于漏电引起人身触电，其次是防止由于漏电引起的设备火灾以及切除电源一相接地故障。有的漏电保护器还能够切除三相电机缺相运行的故障。

（7）保护接地与接零

1）保护接地。保护接地就是把用电设备的金属外壳与接地体连接起来，使用电设备与大地紧密连通。在电源为三相三线制中性点不直接接地或单相制电力系统中应设保护接地线。

2）保护接零。保护接零就是把电气设备在正常情况下不带电的金属部分与电网的零线紧密地连接起来。在电源为三相四线制变压器中性点直接接地的电力系统中应采用保护接零。

（8）电气安全组织管理措施的内容

1）规章制度各项规章制度是人们从长期生产实践中总结出来的，是保障安全、促进生产的有效手段。安全操作规程、电气安装规程；运行管理和维修制度及其他规章制度都与安全有直接的关系。

2）电气安全检查，电气设备长期带缺陷运行、电气工作人员违章操作是发生电气事故的重要原因。为了及时发现和排除隐患，应教育所有电气工作人员严格执行安全操作规程，而且必须建立并严格执行一套科学的、完善的电气安全检查制度。

3）电气安全教育为了确保各单位内部电气设备安全、经济、合理的运行，必须加强电工及相关作业人员的管理、培训和考核，提高工作人员的电气作业技术水平和电气安全水平。

4）安全资料是做好安全工作的重要依据。一些技术资料对于安全工作也是十分必要的，应注意收集和保存。为了工作和检查方便，应建立高压系统图、低压布线图、全厂架空线路和电缆线路布置图等其他图形资料。对重要设备应单独建立资料。每次检修和试验记录应作为资料保存，以便核对。设备事故和人身事故的记录也应作为资料保存。应注意收集国内外电气安全信息，并予以分类，作为资料保存。

(9) 认真学习电工安全操作规程

1) 电工应基本掌握电器安全知识，包括高压、低压、直流、交流电子技术等，必须持证操作，未经培训和考试不合格者不得独立操作。

2) 检查、维修电器设备时，应二人搭档，相互监护。

3) 检查、维修设备时，必须严格遵守本单位制定的有关安全规定，办理有关手续后方可操作，切断电源，进行验电程序，挂上"严格合闸"警示牌，确认无电并采取短路接地措施。

4) 电工操作者和检修者在工作前，应验明劳保用品和工具是否符合绝缘安全要求，严禁侥幸作业。

5) 一切电气设备的金属外壳和支架，必须有良好的安全保护装置。

6) 电气设备的保护装置不得随意变动或拆除，不得更改其整定好的设计参数，必须定期做预防性检验及绝缘防护用品的预防性试验。

7) 电工必须具备必要的电气安全救护，防火知识，掌握触电后的紧急救护法及电火灾扑救方法。

8) 一般情况下，在电器设备上工作均应停电后操作。必须带电作业时，要采取安全措施，按带电作业规程操作。

9) 严格按电气设备的安装技术进行安装及维护。电线、电缆、母线等电板导接头处要拧紧，绝缘包扎好，严禁有松动或破损裸露的现象。

10) 对于电气设备的裸露部位（带电体）或旋转部位设置安全防护或防护遮拦，并挂牌显示。

11) 外线登高电工必须严格遵守高空作业安全规程。

12) 谨防静电危害，做好静电安全措施，雷电时，禁止带电作业。

3. 配电箱使用管理规定有哪些？

答：（1）配电系统应设置配电柜或总配电箱、分配电箱、开关箱，实行三级配电。配电系统宜使三相负荷平衡。220V 或 380V 单相用电设备宜接入 220/380V 三相四线系统；当单相照明线路电流大于 30A 时，宜采用 220/380V 三相四线制供电。

（2）总配电箱以下可设若干分配电箱；分配电箱以下可设若干开关箱。总配电箱应设在靠近电源的区域，分配电箱应设在用电设备或负荷相对集中的区域，分配电箱与开关箱的距离不得超过 30m，开关箱与其控制的固定式用电设备的水平距离不宜超过 3m。

（3）动力配电箱与照明配电箱宜分别设置。当合并设置为同一配电箱时，动力和照明应分路配电；动力开关箱与照明开关箱必须分设。

（4）配电箱、开关箱应装设在干燥、通风及常温场所，不得装设在有严重损伤作用的瓦斯、烟气、潮气及其他有害介质中，亦不得装设在易受外来固体物撞击、强烈振动、液体浸溅、金属颗粒侵进及热源烘烤场所。否则，应予清除或做防护处理。

（5）配电箱、开关箱周围应有足够 2 人同时工作的空间和通道，不得堆放任何妨碍操作、维修的物品，不得有灌木、杂草。不得在配电箱下方或周围留有易燃物。

（6）配电箱、开关箱应采用冷轧钢板或阻燃绝缘材料制作，钢板厚度应为 1.2～2.0mm，其中开关箱箱体钢板厚度不得小于 1.2mm，配电箱箱体网板厚度不得小于 1.5mm，箱体表面应做防腐处理。

（7）配电箱、开关箱应装设端正、牢固，开关箱应装设在坚固、稳定的支架上。其中心点与地面的垂直距离宜为 0.8～1.6m。

（8）配电箱、开关箱内的电器（含插座）应先安装在金属或非木质阻燃绝缘电器安装板上，然后方可整体紧固在配电箱、开关箱箱体内。金属电器安装板与金属箱体应做电气连接。

（9）配电箱、开关箱内的电器（含插座）应按其规定位置紧固在电器安装板上，不得歪斜和松动。

（10）配电箱的电器安装板上必须分设 N 线端子板和 PE 线端子板。N 线端子板必须与金属电安装板绝缘；PE 线端子板必须与金属电器安装板做电气连接，进出线中的 N 线必须通过 N 线端子板连接；PE 线必须通过 PE 线端子板连接。

（11）配电箱、开关箱内的连接线必须采用铜芯绝缘导线。导线绝缘的颜色标志应按要求配置并排列整齐；导线分支接头不得采和螺栓压接，应采用焊接并做绝缘包扎，不得有外露带电部分。

（12）配电箱、开关箱的金属箱体、金属电器安装板以及电器正常不带电的金属底座、外壳等必须通过 PE 线端子板与 PE 线做电气连接，金属箱门与金属箱必须通过采用编织软铜线或接地双色线做电气连接。

（13）配电箱、开关箱的箱体尺寸应与箱内电器的数量和尺寸相适应，箱内电器安装板板面电器安装尺寸可按照表按照现行国家标准《建设工程施工现场供用电安全规范》GB 50194 和《低压配电设计规范》GB 50054 有关规定确定。

（14）配电箱、开关箱中导线的进线口和出线口应设在箱体的下底面。

（15）配电箱、开关箱的进、出线口应配置固定线卡、进出线应加绝缘护套并成束卡在箱体上，不得与箱体直接接触。移动式配电箱、开关箱的进、出线应采用橡皮护套绝缘电缆，不得有接头。

（16）室外配电箱、开关箱外形结构应能防雨、防尘。

4. 怎样选择电器装置？

答：（1）配电箱、开关箱内的电器必须可靠、完好，严禁使用破损、不合格的电器。

（2）总配电箱的电器应具备电源隔离，正常接通与分断电路，以及短路、过载、漏电保护功能。电器设置应符合下列原则：当总路设置总漏电保护器时，还应装设总隔离开关、分路隔离开关以及总断路器、分路断路器或总熔断器、分路熔断器。当所设总漏电保护器是同时具备短路、过载、漏电保护功能的漏电断路器时，可不设总断路器或总熔断器；当各分路设置分路漏电保护器时，还应装设总隔离开关、分路隔离开关以及总断路器、分路断路器或总熔断器、分路熔断器。当分路所设漏电保护器是同时具备短路、过载、漏电保护功能的漏电断路器时，可不设分路断路器或分路熔断器；隔离开关应设置于电源进线端，应采用分断时具有可见分断点，并能同时断开电源所有极的隔离电器。如采用分断时具有可见分断点的断路器，可不另设隔离开关；熔断器应选用具有可靠灭弧分断功能的产品；总开关电器的额定值、动作整定应与分路开关电器的额定值、动作整定值相适应。

（3）总配电箱应装设电压表、总电流表、电度表及其他需要的仪表。专用电能计量仪表的装设应符合当地供用电管理部门的要求。装设电流互感器时，其二次回路必须与保护零线有一个连接点，且严禁断开电路。

（4）分配电箱应装设总隔离开关、分路隔离开关以及总断路器、分路断路器或总熔断器、分路熔断器。其设置和选择应符合规范的要求。

（5）开关箱必须装设隔离开关、断路器或熔断器。当漏电保护器是同时具有短路、过载、漏电保护功能的漏电断路器时，可不装设断路或熔断器。隔离开关应采用分断时具有可见分断点，能同时断开电源所有极的隔离电器，并应设置于电源进线端。当断路器是具有可见分断点时，可不另设隔离开关。

（6）开关箱中的隔离开关只可直接控制照明电路和容量不大于3.0kW的动力电路，但不应频繁操作。容量大于3.0kW的动力电路应采用断路器控制，操作频繁时还应附设接触器或其他启动控制装置。

（7）开关箱中各种开关电器的额定值和动作整定值应与其控

制用电设备的额定值和特性相适应。整定值应考虑配电箱级配，从配电室到各用电设备开关整定值须有大到小。

（8）漏电保护器应装设在总配电箱、开关箱靠近负荷的一侧，且不得用于启动电气设备的操作。

（9）漏电保护器的选择应符合现行国家标准《剩余电流动作保护电器的一般要求》GB/Z 6829 和《剩余电流动作保护装置安装和运行》GB 13955 的规定。

（10）开关箱中漏电保护器的额定漏电动作电流不应大于30mA，额定漏电动作时间不应大于 0.1s。使用于潮湿或有腐蚀介质场所的漏电保护器应采用防溅型产品，其额定漏电动作电流不应大于 15mA，额定漏电动作时间不应大于 0.1s。

（11）总配电箱中漏电保护器的额定漏电动作电流应大于30mA，额定漏电动作时间应大于 0.1s，但其额定漏电动作电流与额定漏电动作时间的乘积不应大于 30mA·s。

（12）总配电箱和开关箱中漏电保护器的极数和线数必须与其负荷侧负荷的相数和线数一致。

（13）配电箱、开关箱中的漏电保护器宜选用无辅助电源型（电磁式）产品，或选用辅助电源故障时能自动断开的辅助电源型（电子式）产品。当选用辅助电源故障时不能自动断开的辅助电源型（电子式）产品时，应同时设置缺相保护。

（14）漏电保护器应按产品说明书安装、使用。对搁置已久重新使用或连续使用的漏电保护器应逐月检测其特性，发现问题应及时修理或更换。

（15）配电箱、开关箱的电源进线端严禁采用插头和插座作活动连接。

5. 配电箱、开关箱使用与维护包括哪些内容？

答：（1）配电箱、开关箱应有名称、用途、分路标记、编号及系统接线图。

（2）配电箱、开关箱箱门应配锁，并应由专人负责。

（3）配电箱、开关箱应定期检查、维修。检查、维修人员必须是专业电工。检查、维修时必须按规定穿、戴绝缘鞋、手套，必须使用电工绝缘工具，并应做检查、维修工作记录。

（4）对配电箱、开关箱进行定期维修、检查时，必须将其前一级相应的电源隔离开关分闸断电，并悬挂"禁止合闸、有人工作"停电标志牌，严禁带电作业。

（5）配电箱、开关箱必须按照下列顺序操作：

1）送电操作顺序为：总配电箱→分配电箱→开关箱→设备。

2）停电操作顺序为：设备→开关箱→分配电箱→总配电箱。但出现电气故障的紧急情况可除外。

（6）施工现场停止作业 1h 以上时，应将动力开关箱断电上锁。

（7）开关箱的操作人员必须保管和维护所用设备，发现问题及时报告解决；暂时停用设备的开关箱必须分断电源隔离开关，并应关门上锁；移动电气设备时，必须经电工切断电源并妥善处理。

（8）配电箱、开关箱内不得放置任何杂物，并应保持整洁。

（9）配电箱、开关箱内不得随意挂接其他用电设备。

（10）配电箱、开关箱内的电器配置和接线严禁随意改动。熔断器的熔体更换时，严禁采用不符合原规格的熔体代替。漏电保护器每天使用前应启动漏电试验按钮试跳一次，试跳不正常时严禁继续使用。

（11）配电箱、开关箱的进线和出线严禁承受外力，严禁与金属尖锐断口、强腐蚀介质和易燃易爆物接触。

（12）配电箱内对带电体进行隔离保护的附件不得损坏、移位。

6. 保护接零和保护接地的区别是什么？

答：以保护人身安全为目的，把电气设备不带电的金属外壳接地或接零，叫做保护接地及保护接零。

（1）保护接地

在中性点不接地的三相电源系统中，当接到这个系统上的某电气设备因绝缘损坏而使外壳带电时，如果人站在地上用手触及外壳，由于输电线与地之间有分布电容存在，将有电流通过人体及分布电容回到电源，使人触电，在一般情况下这个电流是不大的。但是，如果电网分布很广，或者电网绝缘强度显著下降，这个电流可能达到危险程度，这就必须采取安全措施。保护接地就是把电气设备的金属外壳用足够粗的金属导线与大地可靠地连接起来。电气设备采用保护接地措施后，设备外壳已通过导线与大地有良好的接触，则当人体触及带电的外壳时，人体相当于接地电阻的一条并联支路。由于人体电阻远远大于接地电阻，所以通过人体的电流很小，避免了触电事故。保护接地应用于中性点不接地的配电系统中。

(2) 保护接零

1) 保护接零的概念

为了防止电气设备因绝缘损坏而使人身遭受触电危险，将电气设备的金属外壳与供电变压器的中性点相连接者称为保护接零。保护接零（又称接零保护）也就是在中性点接地的系统中，将电气设备在正常情况下不带电的金属部分与零线作良好的金属连接。当某一相绝缘损坏使相线碰壳，外壳带电时，由于外壳采用了保护接零措施，因此该相线和零线构成回路，单相短路电流很大，足以使线路上的保护装置（如熔断器）迅速熔断，从而将漏电设备与电源断开，从而避免人身触电的可能性。保护接零用于 380/220V、三相四线制、电源的中性点直接接地的配电系统。在电源的中性点接地的配电系统中，只能采用保护接零，如果采用保护接地则不能有效地防止人身触电事故。若采用保护接地，电源中性点接地电阻与电气设备的接地电阻均按 4Ω 考虑，而电源电压为 220V，那么当电气设备的绝缘损坏使电气设备外壳带电时，则两接地电阻间的电流将为：熔断器熔体的额定电流是根据被保护设备的要求选定的，如果设备的额定电流较大，为了保证设备在正常情况下工作，所选用熔体的额定电流也会较大，在 27.5A 接地短路电流的作用下，将不断熔断，外壳带电的电气设

(4) 漏电保护器的安装

1) 漏电保护器安装前，由公司电检负责检查低压电网的检
验阻抗、泄漏电流，逐台测试漏电保护器的漏电特性，贴上合格
标签，注明检验日期，并记入试验台账。

2) 安装试验漏电保护器时，工作零线要穿越漏电保护器的
零序互感器，且不能作为保护零线，不得重复接地或接设备的
外壳。

3) 漏电保护器由公司电检有关人员负责安装。

4) 漏电保护器的运行和维护。

① 漏电保护器由各使用单位（统一）管理，尤其是移动式
的应放在库房统一保管，实行谁用谁借，用完即还的方法。

漏电保护器和运行、维护和日常检查由使用单位负责。

② 漏电保护器和运行、维护和日常检查由使用单位负责。
建立管理台账，逐台登记。内容有：a. 使用借用、还回日期、
使用人员等；b. 动作正确动作、误动、拒动等；c. 故障、异常
现象、检查和排除，发现、检查和排除人等；d. 使用前的检查、
每月一次的定期检查等。

③ 漏电保护器的接、拆电源，停送电操作，按电业安全工
作规定，履行倒闸操作、停送电联系程序。

漏电保护器每次使用前，须由使用者按动其使用按钮，
检查是否可靠，在带负荷情况下，分合闸 3 次应无误跳闸现
象后，投入使用。

电保护器动作后，应根据异常现象、动作情况，查明
原因，并排除故障，确认没有异常后，再行投入运行。严禁
强行或带故障强行送电投入运行。

运行中的漏电保护器应每月至少进行一次日常检查，内
容有检查、试验按钮检查，信号指示检查等，检查由使用
单位进行，异常的应及时处理。

漏电保护器的定期试验每年一次，内容有：绝缘电阻、
漏电特性等以及各级漏电保护器的模拟漏电保护动作
试验，由电检负责完成，并记入实验台账和使用单位的

备不能立即脱离电源，所以在设备的外壳上长期存在对地电压 U_d，其值为：$U_d = 27.5 \times 4 = 110\text{V}$ 显然，这是很危险的。如果保护接地电阻大于电源中性点接地电阻，设备外壳的对地电压还要高，这时危险更大。

2）系统采用保护接零时需要注意的问题

① 在保护接零系统中，零线起着十分重要的作用。一旦出现零线断线，接在断线处后面一段线路上的电气设备，相当于没作保护接零或保护接地。如果在零线断线处后面有的电气设备外壳漏电，则不能构成短路回路，使熔断器熔断，不但这台设备外壳长期带电，而且使接在断线处后面的所有作保护接零设备的外壳都存在接近于电源相电压的对地电压，触电的危险性将被扩大。对于单相用电设备，即使外壳没漏电，在零线断开的情况下，相电压也会通过负载和断线处后面的一段零线，出现在用电设备的外壳上。零线的连接应牢固可靠、接触良好。零线的连接线与设备的连接应用螺栓压接。所有电气设备的接零线，均应以并联方式接在零线上，不允许串联。在零线上禁止安装保险丝或单独的断流开关。在有腐蚀性物质的环境中，为了防止零线的腐蚀，应在其表面涂以必要的防腐涂料。

② 电源电性点不接地的三相四线制配电系统中，不允许用保护接零，而只能用保护接地。在电源中性点接地的配电系统中，当一根相线和大地接触时，通过接地的相线与电源中性点接地装置的短路电流，可以使熔断器熔断，立即切断发生故障的线路。但在中性点不接地的配电系统中，任一相发生接地，系统虽仍可照常运行，但这时大地与接地的相线钎等电位，则接在零线上的用电设备外壳对地的电压将等于接地的相线从接地点到电源中性点的电压值，是十分危险的。

③ 在采用保护措施时，必须注意不允许在同一系统上把一部分设备接零，另一部分用电设备接地。当外壳接地的设备发生碰壳漏电，而引起的事故电流烧不断熔丝时，设备外壳就带电 110V，并使整个零线对地电升高到 110V，于是其他接零设备的

外壳对地都有 110V 电位，这是很危险的。由此可见，在同一个系统上不准采用部分设备接零、部分设备接地的混合做法。即使熔丝符合能烧断的要求，也不允许混合接法。因为熔丝在使用中经常调换，很难保证不出差错。因此，由同一台发电机、同一台变压器或同一段母线供电的低压电力网中，不宜同时采用接地保护与接零保护。

④ 在采用保护接零的系统中，还要在电源中性点进行工作接地和在零线的一定间隔距离及终端进行重复接地。在三相四线制的配电系统中，将配电变压器副边中性点通过接地装置与大地直接连接叫工作接地。将电源中性点接地，可以降低每相电源的对地电压，当人触及一相电源时，人体受到的是相电压。而在中性点不接地系统中，当一根相线接地，人体触及另一根相线时，作用于人体的是电源的线电压，其危险性很大。同时配电变压器的中性点接地，为采用保护接零方式提供必备条件。工作接地的接地电阻不得大于 4Ω。在中性点接地的系统中，除将配电变压器中性点作工作接地外，沿零线走向的一处或多处还要再次将零线接地，叫重复接地。重复接地的作用是当电气设备外壳漏电时可以降低零线的对地电压；当零线断线时，也可减轻触电的危险。当设备外壳漏电时，如前所述，经过相线、零线构成了短路回路，短路电流能迅速将熔断器熔断，切断电路，金属外壳亦随之无电，避免发生触电的危险性。但是从设备外壳漏电到熔断器熔断要经过一个很短的时间，在这短时间内，设备外壳存在对地电压，其值为短路电流在零线上的电压降。在这很短的时间内，如果有人触及设备外壳，还是很危险的。若在接近该设备处，再加一接地装置，即实行重复接地设备外壳的对地电压则可降低。此外，如果没有重复接地，当零线某处发生断线时，在断线处后面的所有电气设备就处在既没有保护接零，又没有保护接地的状态。一旦有一相电源碰壳，断线处后面的零线和与其相连的电器设备的外壳都将带上等于相电压的对地电压，是十分危险的。

190

在有重复接地的情况下，当零线偶尔断线，发生电器设备外壳带电时，相电压经过漏电的设备外壳，与重复接地电阻、工作接地电阻构成回路，流过电流。漏电设备外壳的对地电压为相电压在重复接地电阻上的电压降，使事故的危险程度有所减轻，但对人还是危险的，因此，零线断线事故应尽量避免。

 7. 漏电保护器的使用要求有哪些？

答：（1）保护器的作用

漏电保护器是防止人身触电的主要补充性技术措施，它不
代替基本技术措施，例如：绝缘、间距、接地、屏护等。漏
护开关在电气低压系统发生人身触电或电网漏电时，能迅
故障电路，防止人身触电和漏电引起的电气火灾，爆炸

（2）进行安全性能检验

漏电保护器的校验生产系统使用的各种漏电保
线轴附带的、插座上附带的等）应逐台较施工企
国家标准的可继续使用，否则不得使用。

（3）漏电保护器的使用范围

1）在有防触电、防火要求和场所，
护器。

2）新、改、扩建的工程使用的各
种箱、台、柜、屏以及车床、超重
保护的同时，必须优先考虑选用

3）生产现场在用的固定
装置。

4）检修、抢修、施工
使用漏电保护器或有漏电

5）手持或电动工
设备，以及触电危
护器。

6）应采用安全电压

④ 检验动
象，才可

⑤ 漏
不查清故障

答有：外观检
单位负责，发

装置性能、动作
试验，试验由公司

管理台账。

⑧ 做漏电保护器试验时，严禁用相线直接接触零线做动作检验。

⑨ 电流型漏电保护器的额定漏电动作电流不得大于 30mA，动作时间不得大于 0.1s，电压型漏电保护器的额定漏电动作电压不得大于 36V。

⑩ 漏电保护器动作跳闸后，经检查若无明显故障，允许进行一次合闸试送，当试送不成功时，应查明故障原因，待查明故障并排除后再送电，不得连续强行送电，严禁将漏电保护器退出，强行送电。

⑪ 使用者不得擅自拆除、检修漏电保护器。

5）漏电保护器的安全监督。

① 漏电保护器的安全监督由公司电检和安全员负责，根据国家、各级政府、上级主管部门的有规定和要求进行。

② 漏电保护器的使用、试验、运行和维护由公司电检进行日常监督，并纳入考核奖罚。

8. 行程开关（限位开关）的工作原理是什么？它分为哪几类？

答：（1）限位开关的工作原理

行程限位开关又称限位开关，用于控制机械设备的行程及限位保护。在实际生产中，将行程限位开关安装在预先安排的位置，当装于生产机械运动部件上的模块撞击行程开关时，行程限位开关的触点动作，实现电路的切换。因此，行程限位开关是一种根据运动部件的行程位置而切换电路的电器，它的作用原理与按钮类似。行程开关广泛用于各类机床和起重机械，用以控制其行程、进行终端限位保护。在电梯的控制电路中，还利用行程限位开关来控制开关轿门的速度、自动开关门的限位，轿厢的上、下限位保护。行程限位开关按其结构可分为直动式、滚轮式、微动式和组合式。

限位开关是一种根据运动部件的行程位置而切换电路的电器,它的作用原理与按钮类似。限位开关广泛用于各类机床和起重机械,用以控制其行程、进行终端限位保护。在电梯的控制电路中,还利用行程开关来控制开关轿门的速度、自动开关门的限位,轿厢的上、下限位保护。

(2)限位开关的分类

限位开关的分类限位开关按其结构可分为直动式、滚轮式、微动式和组合式。

第四章 专业技能

第一节 编制施工机械设备管理计划

1. 施工机械维修保养制度包括哪些内容？

答：为使机械设备保持良好的工作状态，减少机械磨损，延长使用寿命，提高机械完好率，必须对机械进行例行保养、定期保养和维修，现根据项目部实际情况规定如下：

（1）项目部根据公司材料设备部制定的施工机械设备大、中修计划，适时安排设备的大、中修，并把大、中修结果及有关资料报公司设备部。

（2）项目部负责做好设备的例行保养（班保养）和定期保养工作，项目部机械管理员负责督促机械操作工做好设备的清洁、检查、紧固、润滑、防腐等例保工作，并对机械的例行保养和一级保养做好记录，记录在机械运转、保养、维修记录中。定期保养中的二、三、四级保养，由机械管理员组织实施，并详细地记录在主要机械保养记录中。

（3）机械的一般临时性故障维修若不影响施工生产进度或时间较短的可记录在机械的运转、保养、维修记录本中。如果设备维修影响施工生产进度或时间较长的，必须在机械的运转、保养、维修记录本和主要机械维修记录表中同时记录。

（4）各级保养间隔期大体上是一级保养 50h；二级保养 200h；三级保养 600h；四级保养 1200h（相当于小修）；超过 2400h 以上应安排中修；4800h 以上应进行大修。以上规定如与原厂说明书抵触则按说明书要求实施。

（5）例行保养（班保养）是指班前班后的保养，内容不多时间较短，主要是：清洁零部件、补充燃油与润滑油、补充冷却水、检查并紧固零件、检查操纵、转向与制动系统是否灵活可靠，并作适当调整。定期保养是指机械工作一段时间后进行的停工检修工作，其主要内容是：排除发现的故障，更换工作期间的易损部件、调整个别零部件并完成班保养的全部内容。

（6）机械的冬季维护与保养。冬季的气温低、机械的润滑、冷却、燃料的气化等条件均不良，保养与维护也困难。为此，建筑机械在冬季进行作业前，应详细地进行检查。发现缺陷，须及时消除。机械的驾驶室应给予保温。柴油机装上保温套，水管、油管用毡或石棉保温，操作手柄、手轮要用布包起来。冷却系统、油匣、汽油箱、滤清器等必须认真清洗，并用空气吹净。采用不浓化的冬季润滑剂。冷却系中宜用冰点很低的液体（如45％的水和35％的乙烯乙氨酸混合液）。长期停用的机械，冷却水必须全部放净。为了便于启动发动机，必须装上油液预热器。采用液压操纵的建筑机械，低温时必须用变压器油代替机油和透平油，不能用甘油（因为甘油与油脚混合后，会形成凝块而破坏液压系统的工作）。

（7）为了便于机组人员对机械及时有效的保养，项目部机械管理员及机械组人员严格按机械保养分类表中的要求对设备实行及时有效的保养。

1）例行保养。各部位例行检查及保养。

2）定期保养。一级保养包括清洁、紧固、润滑及部分调整作业，是保证技术性能，延长使用寿命的重要环节，一般内燃机械实行一、二、三、四级保养，其他机械实行一、二级保养。二级保养含一保作业的全部内容，并从外部检查发动机、燃油系、润滑系、离合器、变速箱及转向、制动、液压工作装置。三级保养除二保作业内容外，对主要部件解体检查其内部零件的紧固、间隙、磨损情况或对某一总成件施行大修，按保养间隔期强制进行。四级保养除执行三保作业内容外，以总成为单位保持总成后耐用能力的平衡，全面检查、整修、排除异常现象，恢复机械性能，按保养间隔期强制进行。

3）停放保养。包括清洁、紧固、润滑、调整。

4）走合期保养。按需分配，按走合期要求进行保养。

5）换季保养。需更换油料及采取相应措施，入夏入冬前可结合定期保养进行。

6）工地转移保养，进行全面检查、维护，必要时进行除锈、喷漆等工作。

2. 大型施工机械设备安全管理制度包括哪些内容？

答：大型施工机械设备安全管理规定如下。

（1）设备安全管理人员应当掌握相关的安全技术知识，熟悉有关大型机械设备的法规和标准，并履行以下职责：

1）检查和纠正大型机械设备使用中的违章行为；

2）管理大型机械设备技术档案；

3）编制常规检查计划并组织落实；

4）编制定期检验计划并落实定期检验的报检工作；

5）组织应急救援演练；

6）组织特种设备作业人员的培训工作。

（2）大型施工机械作业人员必须取得特种作业操作资格证书后方可上岗作业。

各分部应当对大型施工机械的管理人员和作业人员每年至少进行一次安全生产教育培训，教育培训情况记入岗位安全培训合格证。安全生产教育培训考核不合格的人员，不得上岗。

（3）施工人员在既有线施工时，应严格执行既有线施工的各项规章制度，根据批准的施工等级、方案，配备相应的施工机械。

（4）对起重吊装、架梁、既有线及邻近既有线施工等工程，以及其他危险性较高的工程应编制专项施工方案，并进行安全检算，经技术负责人签字，监理工程师审核后实施，并由专职安全生产管理人员进行现场监督。

（5）施工前，技术人员应就有关安全施工的技术要求向大型机械操作人员作详细说明，并由双方签字确认。

（6）施工作业人员有权对存在安全隐患的大型施工机械拒绝指挥和冒险作业，并向上级举报。

（7）各分部应向大型施工机械施工作业人员提供安全保护用品，并书面告知危险岗位的操作规程和违章操作的危害。

（8）各分部应在大型施工机械周围设置明显的安全警示标志，安全警示标志必须符合国家标准。

3. 大型施工机械设备购置、安装、验收检测、维护及报废规定有哪些？

答：（1）大型施工机械设备购置（租赁）规定。

1）进入工地的机械必须是正规厂家生产，必须具有《生产许可证》、《出厂合格证》。

2）严禁购置和租赁国家明令淘汰产品。

3）严禁购置和租赁，经检验达不到安全技术标准规定的机械设备。

4）严禁租赁存在严重事故隐患，没有改造或维修价值的机械设备。

（2）大型施工机械设备安装（拆除）规定。

1）机械设备已经国家或省有关部门核准的检验检测机构检验合格，并通过了国家或省有关主管部门组织的产品技术鉴定。

2）不得安装属于国家、本省命令淘汰或限制使用的机械设备。

3）各种机械设备应备下列技术文件：

① 机械设备安装、拆卸及试验图示程序和详细说明书；

② 各安全保险装置及限位装置调试和说明书；

③ 维修保养及运输说明书；

④ 安装操作规程；

⑤ 生产许可证（国家已经实行生产许可的起重机械设备）、产品鉴定证书、合格证书；

⑥ 配件及配套工具目录；

⑦ 其他注意事项。

（3）大型施工机械设备验收检测规定。

1）必须建立如下机械设备安装工程资料档案，并将有关技术资料存入机械设备的安全技术档案：①合同或任务书；②机械设备的安装及验收资料；③机械设备的专项施工方案和技术措施。

2）机械设备安装后能正常使用，符合有关规定。

（4）大型施工机械设备保养规定。

1）对大型施工机械设备定期保养，保证设备的正常运转，防止不应有的损坏和不应有的机械事故。

2）保养作业项目：清洁、润滑、调整、坚固、防腐等。

（5）大型施工机械设备维修改造规定。

1）小修：小修的工作内容，主要是针对日常定期检查发现的问题，部分拆卸零部件进行检查，修整，更换或简单修复少磨损件，同时通过检查，调整、紧固机件等技术手段，恢复设备的性能。

2）项修：项修是根据设备的实际技术状态，对状态劣化已达不到生产工艺要求的项目，按实际需要而进行的针对性的修理，项修时一般要进行部分拆卸、检查、更换或修复失效的零件，必要时对基准件进行局部修理和校正，从而恢复所修复部分的性能和精度，以保证机械在整个大修间隔内有良好的技术状况和正常的工作性能。

3）大修：设备大修是机械在寿命期内周期性的彻底检查，和恢复性修理，大修时，对设备的全部或大部分部件解体，修复基准件，更换或修复全部不合用的零件，修理设备的电气系统，修理设备的附件以及翻新外观等，从而达到全面消除修前存在的缺陷，恢复设备的规定、技术性能和精度。

（6）大型施工机械设备报废的规定：当设备不能大修时、没有修理的价值时，经认定属实，可以申请报废。

（7）各分部要结合项目施工进展及使用大型施工机械的情况，制定各项目的大型施工机械安全管理实施细则。

（8）各分部对大型施工机械的安全检查及隐患整治，应纳入评价考核中。

（9）发生大型施工机械安全事故的施工责任人员及分部责任人员，按有关规定严格进行事故责任追究处理。

第二节　参与施工机械设备的选型和配置

1. 怎样根据施工方案及工程量选配机械设备？

答：在编制施工方案时，施工机械的选择，多使用单位工程量成本比较法，即依据施工机械的额定台班产量和规定的台班单价，计算单位工程量成本，以选择成本最低的方案。在施工中，不同的施工机械必须配套使用，以满足施工进度要求，并进行施工成本计算。

2. 工程项目主要机具使用计划有哪些？

答：（1）贯彻国家和上级有关设备管理条例、规定，制定设备管理办法和实施细则。参与施工组织设计的审核。负责机械设备操作证的发放与管理。负责机制设备购置及平衡调度。编制机构设备大修计划，并检查实施情况。对机构设备的使用情况进行检查。

（2）严格执行操作证管理的有关规定，实行持证上岗。严格按照安全操作规程操作机械设备，并接受有关方面的检查。严格执行机械设备的例行保养。填写机械设备日运转记录。

（3）制定机械管理制度。

1）建立机械设备使用岗位责任制，实行定人、定机、定岗位。

2）实行专机、专人的大型机械设备调动时，原则上操作人员应随机调动。

3）主要机械设备使用过程中，操作人员每天填写机械设备运转情况日记录。

4）机械设备由设备科统一购买，在购买前派人联系货源，确定生产厂家。

5）采购合同中必须注明机械设备配件的名称、品种、规格、数量、包装要求、运输方式、交货日期、单价、结算方法等。

6）对进货的配件，由设备科组织验收，并填写验收记录，在验收中如发现配件质量、规格、数量等不符合要求应及时与供货单位交涉。

7）设备科随时了解机械设备日常使用、保养情况、定期检查，掌握机械设备技术状况，对发生技术状况变坏的机械设备通过技术鉴定，确定是否送修及修理类别。

8）机械设备实行定期和分级保养。

9）进入施工场所的机械设备，必须保持技术状况完好。安全装置齐全、灵敏、可靠、有效，设备编号和技术标牌完整、清晰，起重、运输机械应经年审并具有合格证。失保、失修和"带病"的机械设备不得进入施工现场。

3. 怎样根据施工机械使用成本合理优化机械设备的构成？

答：施工机械使用成本合理优化机械设备构成的内容主要包括：

（1）加强施工机械成本管理的重要性

施工机械成本管理主要是体现在施工机械设备的使用和管理两个方面。

（2）施工机械管理中存在的主要问题

施工机械管理中存在的主要问题可以概括为机械设备的完好率和利用率低，使用成本高。

（3）施工机械成立和控制的措施

1）正确选配机械，充分发挥机械的效能。选用机械时应根据工程量、施工方法和季度要求，确定机械几种规格，各种机械间生产能力应相适应，使每台机械都能充分发挥效能；要考虑尽可能在相邻工程项目上综合作业，多次使用，从而减少拆、装、运次数，提高设备利用率；工程量大而集中时，应采用大型专用机械设备，工程量较小而分散时，应采用一专多用或移动灵活的中小型机械设备，以适应不同类型机械的特点；根据需要和可能，采用现代管理理论的经济性计算方法，在供需产生矛盾时寻求最优。

2）合理组织机械施工，提高现场机械的利用率，减少机械费以便在成本合理的情况下组织施工，要做好机械施工的计划工作，及时调度。

3）选择合理的施工机械设备更新方案，进行必要的技术经济分析。

4）机械设备检查，降低维修成本。设备检查是对设备运转情况、技术状况、工作精度、零部件老化程度进行各形式的检查和校验。

5）机械设备的维修和保养。延长使用寿命，降低消耗，提高机械施工的经济效益。机械设备在使用过程中，不可避免地会出现一些不正常的现象，如紧固件松动、局部漏油、声音异常等，上述状况如不及时处理，就会造成设备过早磨损。

6）进行机械设的改造，提高生产效率。机械设备的改造是对原有设备进行技术改革，以改善和提高机械设备性能、精度及生产效率。对现有设备进行有效的改造，是企业挖潜、革新、改造的主要内容。

第三节　参与特种设备安装、拆卸工作的安全监督检查

1. 怎样对特种机械的安装、拆卸作业进行安全监督检查？

答：（1）安装（拆卸）申请

依据《建筑起重机械备案登记办法》的有关规定，结合工程

建设和施工机械安装企业的实际情况，设备安装的申请应提交如下资料：

1）工程项目所在地的地方建设行政主管部门统一设定的"建筑起重机械安装（拆卸）申请表"；

2）安装单位资质证书、安全生产许可证副本；

3）安装单位特种作业人员证书；

4）建筑起重机械安装（拆除）工程专项施工方案；

5）安装单位与使用单位确定的安装（拆卸）合同及安装单位与施工总承包单位签订的安全协议书；

6）产权登记证、上次使用注销表、安装合同、租赁合同等复印件；

7）建筑起重机械安装（拆卸）工程生产安全事故应急预案；

8）辅助起重机械资料及特种作业人员证书；

9）施工总承包单位、监理单位要求的其他资料；

10）安全监督管理机构要求的其他文件。

（2）使用登记

依据《建筑起重机械备案登记办法》的有关规定，结合工程项目所在地设计情况，特种设备应提交以下文件资料：

1）建筑起重机械设备登记表一式四份（建设、施工、监理、监督单位各一份）；

2）建筑起重机械安装单位专业承包资质证书复印件和安全许可证复印件各一份。安装作业人员资格证书及安装方案；

3）安装设备位置的基础施工资料；

4）建筑起重机械检验检测报告和安装验收资料；

5）建筑施工特种作业操作资格证书原件、复印件各1份（原件验证后退回）；

6）建筑起重机械生产安全事故应急预案；

7）建筑起重机械相关证明文件（包括建筑起重机械的特种设备制造许可证、产品合格证、制造进度检验证明、备案证明文件）；

8) 产权备案证及复印件；

9) 使用登记机关规定的其他资料。

（3）使用注销

依据《建筑起重机械备案登记办法》的有关规定，结合工程项目所在地设计情况，使用单位应提交以下资料：

1)"建筑施工起重机械设备使用登记注销表"（项目所在地省或地、州、市建设主管部门设定的标准格式的表格）一式双份；

2) 拆卸记录报告书；

3) 使用登记证书原件。

2. 对特种设备的有关资料进行符合性查验包括哪些内容？

答：特种设备是指涉及生命安全、危险性较大的锅炉、压力容器（含气瓶，下同）、压力管道、电梯、起重机械、客运索道、大型游乐设施和场（厂）内专用机动车辆。特种设备的有关资料进行符合性查验的内容包括：

（1）特种设备出厂时，应当附有安全技术规范要求的设计文件、产品质量合格证明、安装及使用维修说明，监督检验证明等文件。

（2）特种设备使用单位应当建立特种设备安全技术档案。安全技术档案应当包括以下内容：

1) 特种设备的计件、制造单位、产品质量合格证明、使用维护说明等文件以及安装技术文件和资料特种设备的定期检验和定期自行检查的记录。

2) 特种设备的日常使用状况记录。

3) 特种设备及其安全附件、安全保护装置、测量调控装置及有关附属仪器仪表的日常维护保养记录。

4) 特种设备运行故障和事故记录。

5) 高耗能特种设备的能效测试报告、能耗状况记录以及节能改造技术资料。

6）起重机械出厂时，必须附有制造企业关于该起重机械产品或者部件的出厂合格证、使用说明书，装箱清单等出门随机文件。合格证上除标有主要参数外，还应当表明主要部件的型号和编号。起重机械的超载保护等安全装置，必须具有有效的形式试验合格证书。

7）厂内机动车辆出厂时，必须附有制造企业关于该厂机动车辆的出厂合格证、使用维护说明书、备品配件和专用工具清单等出厂随机文件。合格证上除标有主要参数外，还应当标明车辆主要部件（如发动机、地盘等）的型号和编号。

8）特种设备安全监察机构应当凭有效的厂内机动车辆安全检验合格标志办理该车辆的注册登记，并核发厂内机动车辆拍照。厂内机动车辆安装牌照并粘贴安全检验合格标志后，方可以投入使用。

第四节　参与组织特种设备安全技术交底

1. 机械管理员安全技术交底文件包括哪些内容？

答：建设工程安全生产管理资料的检查项目有安全生产保证体系、安全技术方案和措施、特种作业安全技术交底、特种作业人员名册、安全检查记录和安全检查验收等。

工地资料员应根据建设工程施工现场资料目录收集以上安全管理资料。由于不熟悉机械管理程序，往往在行政监督检查时才发现建筑机械安全管理资料有漏缺，如有些塔式起重机没有安全准用证即投入使用，存在安全隐患，十分危险。因此在贯彻 ISO 9002 国际质量标准体系过程中把建筑机械管理程序与施工质量安全监督结合起来，采用建立机械设备技术档案的方法，由工程项目部机械管理员对建筑机械的安全管理技术资料进行收集整理后再交资料员保管备案。

在建设工程项目施工过程中，建筑机械安全管理技术档案主要由机械台账、原始资料、安全技术方案、特种作业人员名册、特种作业安全技术交底、机械安装验收资料、机械台班记录和安全生产检查记录等方面资料组成，下面分别作介绍。

（1）机械台账

根据施工组织设计中建筑机械配置一览表按建筑机械进场顺序建立机械台账，内容有设备名称、型号规格、编号、制造厂名、功率、进场日期和退场日期等。

（2）原始资料

按机械台账设备编号顺序收集的原始资料，主要有机械设备购置计划或租赁合同、生产许可证、出厂合格证和使用说明书等。

（3）安全技术方案

安全技术方案要由具有对口建筑机械安装资质的单位编制并经企业主管部门审核同意，主要有物料提升机、塔机和外用电梯的安装拆卸方案。当采用与建筑机械使用说明书不同的有特殊、复杂要求的方法时须编制专项安全技术方案，如塔机的基础方案、附着顶升和拆卸方案等，要有相关数据的计算说明和图纸。

（4）特种作业人员名册

特种作业人员进退场登记册由"特种作业人员操作证登记表"汇编而成，由机械管理员对外用电梯司机、塔机司机、起重指挥和大中型机械操作工等进行考核录用登记，并留存操作证复印件备案。

（5）特种作业安全技术交底

包括物料提升机、塔式起重机、外用电梯安装拆卸工程安全技术交底等，由主管施工员按表格内容实施，要求接受特种作业安全技术交底的作业人员签名，并必须与登记册上的特种作业人员证件对号。

（6）机械安装验收资料

分为由工程项目部和机械安装单位采用统一表格的自检验收，和其中的大型建筑机械再由行政主管机构检测验收两部分。

以塔式起重机为例，需要有由工程项目部和机械安装单位进行的塔机基础隐蔽工程验收记录和采用塔机安装完毕并作为分段附墙爬升的验收记录，还要有当地技术监督局特种设备监察检验所出具的检测报告书和安全准用证。而中小型建筑机械由工程项目部机械管理员按"中小型建筑机械检查验收表"的内容验收后即可使用。

（7）机械台班记录

机械台班记录主要分为安全检查、运行台时、维修保养记录等项目，分为物料提升机、塔式起重机、外用电梯运行记录表。每个运行台班都由机械操作工按表格的内容作记录签名，项目部机械管理员定期检查签名。建筑施工安全检查评分表是建设工程安全生产管理的基础资料，其中有塔式起重机、外用电梯、物料提升机、中小型施工机具等建筑机械部分，由工程项目部每月、企业每季度不少于一次的自检评分，对各级安全生产检查的整改处理意见和整改结果报告也要及时整理归档。

这样根据建设工程施工进度对不断进退场的各种类建筑机械进行动态跟踪、收集整理发生在整个施工过程中的安全管理技术资料，就能及时建立起有关建筑机械的安全管理技术档案。其中的部分技术资料（如机械的原始资料、安全验收资料、台班记录等）可同时转入公司的机械设备技术档案里。

2. 物料提升机安全技术交底的内容有哪些？

答：物料提升机安全技术交底的内容如下：

（1）提升机使用中应进行经常性维修保养，并符合下列规定：

1）司机应按使用说明书的有关规定，对提升机各润滑部位，进行注油润滑；

2）维修保养时，应将所有控制开关扳至零位，切断主电源并在闸箱处挂"禁止使用"标志，必须时应设专人监护；

3）提升机处于工作状态时，不得进行保养、维修，排除故障应在停机后进行；

4）更换零部件时，零部件必须与原部件的材质性能相同，并应符合设计与制造标准；

5）维修主要结构所用焊条及焊缝质量，均应符合原设计要求；

6）维修和保养提升机架体顶部时，应搭设上人平台，并应符合高处作业要求。

（2）提升机应由设备部门统一管理，不得对卷扬机和架体分开管理。

（3）金属结构摆放时，应放在垫木上，在室外存放要有防雨及排水措施。电气、仪表及易损部件的存放，应注意防振，防潮。

（4）运输提升机各部件时，装车应垫平，尽量避免磕碰，同时应注意各提升机的配套性。

3. 打桩机安全技术交底包括哪些内容？

答：打桩机安全技术交底内容如下：

（1）现场所有施工人员均须戴好安全帽，高空作业需系好安全带。

（2）施工现场应全面规划，并有施工现场平面布置图；现场道路应平坦、坚实、畅通、交叉点及危险地区，应设明显标志及围护措施。

（3）凡患有高血压及视力不佳的人员不得进行机械操作作业，各工种应持证上岗。

（4）机械设备应由专人持证操作，操作者应严格遵守安全操作规程。

（5）施工中所有机操人员和配合工种，必须听从指挥讯号，不得随意离开岗位，并经常注意机械运转是否正常，发现异常应立即检查处理。

（6）机械设备都应有漏电保护装置和良好的接地接零。

（7）打桩前，桩头的衬垫严禁用手拨正，不得在桩锤未落到桩顶就起锤，或过早刹车。

（8）登上机架高空作业时，应有防护措施，工具、零件严禁下抛。

（9）硫磺胶泥的原料及制品在运输、储存和使用时应注意防火，熬制胶泥时，操作人员应穿戴防护用品，熬制场地应通风良好，胶泥浇注后，上节柱应缓缓下放，防止胶泥飞溅。

（10）定期检查钢丝绳的磨损情况和其他易损部件，当发现问题应及时更换。

（11）每天下班后，应有专人负责关闭、切断电源。

（12）施工时尚应遵守施工现场的常规建筑安装工程安全操作规程和国家有关安全法规、规则、条例等。

4. 钢筋焊接焊机技术交底包括哪些内容？

答：钢筋焊接焊机安全技术交底的内容如下：

（1）应根据施焊钢筋直径选择具有足够输出电流的电焊机。电源电缆和控制电缆联接应正确、牢固。控制箱的外壳应牢靠接地。

（2）施焊前，应检查供电电压并确认正常，当一次电压降大于8%，不宜焊接。焊接导线长度不得大于30mm，截面面积不得小于50mm²。

（3）施焊前应检查并确认电源及控制电路正常，定时准确，误差不大于5%，机具的传动系统、夹装系统及焊钳的转动部分灵活自如，焊剂已干燥，所需附年齐全。

（4）施焊前，应按所焊钢筋的直径，根据参数表，标定好所需的电源和时间。一般情况下，时间（s）可为钢筋的直径数（mm），电流（A）可为钢筋直径的20倍数（mm）。

（5）起弧前，上、下钢筋应对齐，钢筋端头应接触良好。对锈蚀粘有水泥的钢筋，应采用钢丝刷清除，并保证导电良好。

（6）施焊过程中，应随时检查焊接质量，当发现倾斜、偏心、未熔合、有气孔等现象时，应重新施焊。

（7）每个接头焊完后，应停留 5～6min 保温，寒冷季节应适当延长。当拆下机具时，应扶住钢筋，过热的接头不得过于受力。焊渣应待完全冷却后清除。

（8）焊接操作及配合人员必须按规定穿戴劳动防护用品。并必须采取防止触电、高空坠落、瓦丝中毒和火灾等事故的安全措施。

（9）现场使用的电焊机，应设有防雨、防潮、防晒的机棚，并应装设相应的消防器材。

（10）高空焊接时，必须系好安全带，焊接周围和下方应采取防火措施，并应有专人监护。

（11）当清除焊缝焊渣时，应戴防护眼镜，头部应避开敲击焊渣飞溅方向。

（12）雨天不得在露天电焊。在潮湿地带作业时，操作人员应站在铺有绝缘物品的地方，并应穿绝缘鞋。

5. 施工现场用电技术交底的内容有哪些？

答：施工现场用电技术交底的内容如下：

（1）供用电设施投入运行前，用电单位应建立、健全用电管理机构，组织好运行、维护专业班组，明确管理机构与专业班组的职责。

（2）用电单位应建立、健全供电设施的运行及维护操作规定；运行维护人员必须学习这些操作规定，熟悉本单位的供用电系统。

（3）用电单位必须建立用电安全岗位责任制，明确各级用电安全负责人。

（4）用电作业人员必须持证上岗。

（5）用电管理应符合下列要求：

1）现场需要用电时，必须提前提出申请，经用电管理部门批准，通知维护班组进行接引。

2）接引电源工作，必须由维护电工进行，并应设专人进行监护。

3）施工用电用毕后，应由施工现场用电负责人通知维护班组，进行拆除。

4）严禁非电工拆装电气设备、严禁乱拉乱接电源。

5）配电室和现场的开关箱、开关柜应加锁。

6）电气设备明显部位应设"严禁靠近，以防触电"的标志。

7）接地装置应定期检查。

8）施工现场大型用电设备、大型机具等，应有专人进行维护和管理。

6. 施工现场防火一般规定安全技术交底的内容有哪些？

答：施工现场防火一般规定安全技术交底内容：

（1）为保障施工现场的防火安全，以利施工作业的顺利进行，根据《中华人民共和国消防条例》和《中华人民共和国治安管理处罚条例》等有关法律、法规的规定，结合本市的实际情况，制定本规定。

（2）本市所有施工现场均适用本规定。

（3）施工单位的负责人应全面负责施工现场的防火安全工作，履行《中华人民共和国消防条例实施细则》第十九条规定的九项主要职责；建设单位应积极督促施工单位具体负责现场的消防管理和检查工作。

（4）施工现场都要建立、健全防火检查制度，发现火险隐患，必须立即消除；一时难以消除的隐患，要定人员、定项目、定措施限期整改。

（5）施工现场发生火警或火灾，应立即报告公安消防部门，并组织力量扑救。

（6）根据"三不放过"的原则，在火灾事故发生后，施工单位和建筑单位应共同做好现场保护和会同消防部门进行现场勘察的工作。对火灾事故的处理提出建议，并积极落实防范措施。

（7）施工单位在承建工程项目签订的"工程合同"中，必须有防火安全的内容，会同建设单位搞好防火工作。

7. 施工现场防火安全技术交底包括哪些内容？

答：施工现场防火安全技术交底内容如下：

（1）各单位在编制施工组织设计时，施工总平面图、施工方法和施工技术均要符合消防安全要求。

（2）施工现场应明确划分用火作业、易燃可燃材料堆场、仓库、易燃废品集中站和生活区等区域。

（3）施工现场夜间应有照明设备；保持消防通道畅通无阻，并要安排力量加强值班巡逻。

（4）施工作业期间需搭设临时性建设物，必须经施工企业技术负责人批准，施工结束应及时拆除。但不得在高压架空下面搭设临时性建筑物和堆放可燃物品。

（5）施工现场应配备足够的消防器材，指定专人维护、管理、定期更新，保证完整好用。

（6）在土建施工时，应先将消防器材和设施配备好，有条件的，应敷设好室外消防水管和消防栓。

（7）焊、割作业点与氧气瓶、电石桶和乙炔发生器等危险物品的距离不少于10m，与易燃易爆物品的距离不得少于30m；如达不到上述要求的，应执行动火审批制度，并采取有效的安全隔离措施。

（8）乙炔发生器和氧气瓶的存放之间的距离不得少于2m；使用时两者的距离不得少于5m。

（9）氧气瓶、乙炔发生器等焊割设备上的安全附件应完整有效，否则不准使用。

（10）施工现场的焊、割作用，必须符合防火要求，严格执行"十不烧"规定：

1）焊工必须持证上岗，无特种作业人员安全操作证的人员，不准进行焊、割作业；

2）凡属于一、二、三级动火范围的焊、割作业，未经办理动火审批手续，不准进行焊、割；

3）焊工不了解焊、割现场周围情况，不得进行焊、割；

4）焊工不了解焊件内部是否安全时，不得进行焊、割；

5）各种装过可燃气体、易燃液体和有毒物质的容器，未经彻底清洗，排除危险性之前，不准进行焊、割；

6）用可燃材料作保温层、冷却层、隔音、隔热设备的部位，或火星能飞溅到的地方，在未采取切实可靠的安全措施之前，不准焊、割；

7）有压力或密闭的管道、容器，不准焊、割；

8）焊、割部位附近有易燃易爆物品，在未清理或未采取有效的安全措施前，不准焊、割；

9）附近有与明火作业相抵触的工种在作业时，不准焊、割；

10）与外单位相连的部位，在没有弄清有无险情，或明知存在危险而未采取有效的措施之前，不准焊、割。

第五节　参与机械设备操作人员的安全教育培训

1. 安全教育培训计划制定的原则和步骤各有哪些？

答：安全教育培训是否能取得良好的效果与安全教育培训计划的制定有十分密切的关系，一个全面完善和切实可行的培训计划有助于安全教育培训工作的顺利实施。

（1）安全教育培训计划的制定原则

1）可行性原则。企业制定安全教育培训计划，应根据本企业生产经营状况、员工安全意识、安全教育培训实际状况、员工安全教育培训的需求、安全教育培训经费等情况统筹兼顾，制定切实可行的安全教育培训计划。只有这样才能保证计划有条不紊地实施，达到安全教育培训的目的。

2）重点与全面相结合的原则。在制定作业人员的安全教育培训计划时，应注意到安全教育培训对象的重点与全面教育的有机结合，以保证安全教育培训不留死角。在制定计划时，要保证特种作业人员、新员工、五新（新材料、新设备、新工艺、新技术、新产品）教育、转岗换岗教育等重点人员或岗位优先进行安全教育培训。同时，要兼顾全员教育，保证企业所有员工都能及时地受到最新的安全教育培训。

3）系统性原则。就是制定安全教育培训计划要根据企业的实际情况，对企业的全体员工进行全面的、有条理的、有连续性的安全教育培训。同时，教育的内容要有系统性，要对广大员工进行系统的安全理论、安全知识、安全操作技能教育。

4）针对性原则。就是安全教育培训计划要体现出安全教育培训与企业日常管理和生产过程的有机结合，与系统性原则的侧重点不同，重点是针对生产过程中暴露出来的问题对员工进行有针对性的安全教育培训。

（2）安全教育培训计划的制定步骤

按照安全教育培训计划制定的原则，由企业的安全部门与教育部门共同商定企业的安全教育培训计划。一般按照以下的步骤来制定计划：

1）对安全教育培训进行需求分析，确定所要培训的对象和教育培训应达到的效果、目标。

2）确定安全教育培训的内容、方法、组织实施方案。

3）明确所需培训经费、培训的教材、师资、地点及管理措施。

4）明确各相关部门在安全教育培训中的职责和义务。

5）安全教育培训计划的实施安排。

6）编制出安全教育培训的计划，并报主管领导审批。

2. 安全教育培训计划的编制包括哪些内容？

答：安全教育培训计划方案确定后，应着手编制计划。计划书通常分为综合计划和单项计划两种类型。年度安全教育培训计划或中、长期安全教育培训计划都属于综合性计划，而就某次或某主题的教育培训计划则为单项计划。两种类型安全教育培训计划书的具体内容虽然不完全相同，但一般都应包括：安全教育培训的目的、培训的目标、培训的对象及人数、培训内容、培训组织、培训方法、培训时间、实施方案、实施地点、费用等内容。如果是单项培训计划，还应写明培训的主题。

（1）安全教育培训的目的与目标

1）明确开展计划所定的安全教育培训活动或培训班的意义。

2）根据培训需求分析，明确安全教育培训的对象及培训的顺序。

3）明确安全教育培训应达到的效果目标。

（2）安全教育培训计划的主要内容

1）明确安全教育培训的性质。即安全教育培训是全员安全教育培训，还是特种作业人员安全教育培训；是资格教育培训，还是复审教育培训。

2）明确安全教育培训的人数、办班期数、办班时间及人员分布安排。即要明确本类型教育培训的计划人数、参加培训的生产车间的人员及参加教育培训的时间，以保证安全教育培训的正常进行和生产任务的完成。

3）明确安全教育培训班各负责人，以保证各项工作的顺利进行。

4）明确培训的组织管理，即各类培训的组织者、管理者，教师是内聘还是外聘，由哪些部门负责等。

5）明确各级管理部门或人员的职责，即组织者、管理者、教师在安全教育培训过程中的责任和义务。

6）安全教育培训考核要求和安全教育培训考核的目的和作用。

7）安全教育培训经费安排，即全年所需安全教育培训经费及各类型安全教育培训的经费。

（3）安全教育培训计划的组织实施与管理

根据制定、批准的培训计划，还应制定出具体的实施方案，包括具体培训人员姓名、单位、培训教材确定、讲课教师确定、讲课地点落实等。具体组织实施方案及所拟采取的管理措施是保证安全教育培训计划有效实施的重要保证。

1）落实各项培训措施。培训前应通知培训人员，使其能合理安排工作与培训时间，然后反馈到安全管理部门，进行最终培训人员、时间、地点的确定。

2）培训方式、教学方法的确定。如采用脱产培训还是非脱产培训，采用授课方式还是示范教学方式，主讲老师是外聘还是本单位选聘，培训时间与其本职工作的协调安排、培训内容的准备等。

3）培训视听教具、设备的确定。使用的教材、授课教室或教学现场、教学投影设备、示范教学模型等。

4）具体培训过程的管理。培训班开班后，要加强管理，确保教育培训的质量，管理责任人及具体职责，具体承办部门及协办部门，承办者或协办者的职责分工等。

5）考核、存档管理。为考察培训效果，必须对培训对象进行考核，考核可采取面试、笔试、实际操作等形式。特种作业人员必须通过法定部门的考试，合格者可取得上岗证存档内容包括培训人员信息、培训时间、地点、考核结果等，应按安全档案的建档要求进行归档。

第六节　对特种设备运行状况进行安全监督评价

1. 锅炉使用单位现场安全监督检查项目包括哪些内容？

答：锅炉使用单位现场安全监督检查项目包括如下内容：

（1）作业人员登记及检验标志

1）在岗作业人员（含带压密封作业人员）是否按规定具有有效证件。

2）是否有使用登记证，或检验合格标志是否在检验有效期内。

（2）安全附件及安全保护装置

1）液位计是否有最高、最低安全液位标记，液位是否显示清楚并被能作业人员正确监视。

2）安全阀是否有有效的校验报告和铅封标记。

3）压力表是否有有效的检定证书或标记。

4）温度计是否有有效的检定证书或标记。

5）铁路、汽车罐车等是否装设紧急切断装置。

6）快开门式压力容器是否有快开门连锁保护装置。

（3）运行参数

1）仪器仪表显示参数是否与液位计、压力表、温度计一致。

2）液位、压力、温度是否在允许范围内。

（4）本体、阀门、管道状况

1）是否及时填写运行记录，记录是否与实际符合。

2）是否存在介质泄漏现象。

（5）水（介）质处理。

1）设备的本体是否有肉眼可见的变形。

2）是否有水（介）质化验记录。

（6）其他

是否有在常压锅炉承压使用或者使用土锅炉等情况。

2. 电梯使用单位现场安全监督检查项目包括哪些内容？

答：电梯使用单位现场安全监督检查项目包括如下内容：

（1）作业人员

现场作业人员是否具有有效证件。

（2）合格标志及警示标记

1）是否有安全检验合格标志，并按规定固定在电梯的显著位置，是否在检验有效期内。

2）安全注意事项和警示标志是否置于易为乘客注意的显著位置。

（3）安全装置

1）电梯内设置的报警装置是否可靠，联系是否畅通。

2）呼层、楼层等显示信号系统功能是否有效，指示是否正确。

3）防夹装置是否可靠。

4）自动扶梯和自动人行道入口处是否有安全开关并灵敏可靠。

（4）维保情况

1）是否有有效的维保合同，确认维保作业人员能否按合同及时抵达电梯使用地点。

2）是否有维保记录。

3）维保周期是否符合规定。

3. 起重机使用单位现场安全监督检查项目包括哪些内容？

答：起重机使用单位现场安全监督检查项目包括如下内容：

（1）作业人员

1）现场司机、司索和指挥人员是否具有有效证件合格标志。

2）是否有安全检验合格标志并按规定固定在显著位置，是否在检验有效期内，是否有必要的使用注意事项提示牌。

（2）安全装置

1）是否有制动、缓冲、防风等安全保护装置以及载荷、力矩、位置、幅度等相关限制器，制动器、限制器是否有效工作。

2）运行警示铃、紧急制动、电源总开关是否有效。

（3）维保状况

1）是否有日常维护保养记录。

2）维保记录中是否记载吊钩、钢丝绳、主要受力件的检查内容。

4. 压力容器使用单位现场安全监督检查项目包括哪些内容？

答：压力容器使用单位现场安全监督检查项目包括如下内容：

（1）作业人员

在岗作业人员（含带压密封作业人员）是否按规定具有有效证件。

（2）登记及检验标志

是否有使用登记证，或检验合格标志是否在检验有效期内。

（3）安全附件和保护装置

1）液位计是否有最高、最低安全液位标记，液位是否显示清楚并能被作业人员正确监视。

2）安全阀是否有有效的校验报告和铅封标记。

3）压力表是否有有效的检定证书或标记。

4）温度计是否有有效的检定证书或标记。

5）铁路、汽车罐车等是否装设紧急切断装置。

6）快开门式压力容器是否有快开门连锁保护装置。

7）仪器仪表显示参数是否与液位计、压力表、温度计一致。

（4）运行参数

1）液位、压力、温度是否在允许范围内。

2）是否及时填写运行记录，记录是否与实际符合。

（5）本体、阀门状

1）是否存在介质泄漏现象。

2）设备的本体是否有肉眼可见的变形。

第七节　识别、处理施工机械设备的安全隐患

1. 机械设备安全管理存在的问题有哪些？

答：随着建筑企业机械化程度的不断提高，机械设备的安全管理问题开始引起人们的垂视。归纳起来，主要有以下几个方面：

（1）有些企业在工程施工过程中，由于所承担的施工任务繁重，时间紧迫，为了降低施工成本，虽然面临很大的工作任务量，投入的施工机械数量却不多，完全靠少数机械设备的加班作业来完成施工任务，这种拼设备的行为在一定程度上造成了机械

设备的超负荷运转，极大地影响了机械设备的技术性能状况与使用寿命，加速了机械设备的老化。

（2）现场施工人员与指挥人员往往一味追求施工进度，对机械设备只重使用不重保养，从而造成机械设备操作人员没有时间对所操作的设备进行定期保养，经常带病作业，一旦出现问题就不得不进行大范围修理，从而既浪费大量的时间，影响工程进度，又无形之中提高了设备的修理成本。

（3）现场机械设备操作人员素质参差不齐，许多操作人员没有经过正规的培训就直接上岗，无证操作时有发生，从而造成安全隐患。

（4）有些企业为了减少设备投资，对行业主管部门强制要求检测的设备不检测，许多已超出了规定使用条件与规定年限的淘汰设备继续使用，主管领导存在侥幸心理，增大了发生事故的危险性。

2. 造成安全问题的主要原因有哪些？

答：随着建筑业的高速发展，各类建筑机械使用日益增多，安全问题也开始越来越突出。经在实际工作中考察。这些安全问题主要是由以下原因造成：

（1）安全管理法律体系不健全。有的企业做到了制度上墙，但往往不宣传、不落实，由于领导不重视而形同虚设。

（2）不能严格执行国家和行业规范性文件。上级下发的行业规范性文件，领导者不组织工人学习，而是锁在自己的抽屉里。

（3）建筑机械操作人员管理不善。有的企业只想着经济效益。不注重对机械操作人员的技术培训。有的经营者认为，机器开动了就行，完全忽视了机械技术操作和维护保养的重要性。

（4）机械设备施工环境恶劣。不重视机械施工的地理、气候、通风等因素，只想着进度和效益，往往是欲速则不达。

3. 施工机械安全保障措施有哪些?

答:(1)建立施工现场规章制度

建筑企业机械施工管理制度主要应有以下几点:一是施工现场各方主体应配备专职(兼职)机械设备管理人员。负责施工现场机械设备使用安全管理工作,并建立相应的机械设备安全管理的规章制度(安全监理职责、安全技术交底、交接班、维护保养、检查、资料监理等)。二是主要机械设备实行定机、定人、定岗位责任的三定制度,一般机械设备实行班组长负责制和多班作业的交接班制度。三是施工现场必须有切实可行的机械设备使用安全技术措施。必须有施工组织设计专项方案;起重机械的安装、拆除专项施工方案;起重吊装作业专项施工方案。并应编制机械设备事故的应急措施和救援预案。四是机械设备、电气设备和施工机具不得带病运转。运转中发现异常情况应立即切断电源、停机检查,及时排除故障。

(2)不合格的机械不许进入施工现场

1)进入施工现场的机械必须经过严格的质量检验。不合格的不许进入施工场地。设备中租赁的设备必须是国家规定的生产厂家,租赁设备必须有厂家的制造许可证(生产许可证)及产品出厂合格证、使用说明书、电气原理图及有关档案、技术资料。严禁使用国家明文规定淘汰的、禁止使用的、危及生产安全的、达不到安全技术标准规定的或安全保护装置配备不齐全的机械设备和施工机制。

2)进场的机械设备必须完好。附件、随机工具及备件应齐全,各种限位、安全保护装置、仪器、仪表、报警和信号装置等齐全、灵敏、有效。机械、电气安全性能、安全保护装置符合国家有关规范、规定和标准要求。

3)自行研制用于特殊工程施工的起重机械设备必须有设计图、设计计算书和加工工艺图,由企业技术部门组织专家论证和鉴定,符合安全技术条件的经相关部门审核、企业技术负责人批准，方可投入使用。

4）机械设备投入使用前必须按出厂使用说明书的要求进行测试和试运转，并填写试验验收记录，经试验验收合格，办理交接手续后方可使用。

5）起重机械设备安装完成后。由施工总承包单位、使用单位、租赁单位和安装单位共同进行验收，验收合格后，必须报请书地特种设备监督检验机构进行检验（包括验收检验和定期检验）。取得"安全使用许可证"后方可使用。要坚持日巡检、周检、月全面检查等，经检查发现有异常情况时。必须及时处理，消除不安全因素，严禁带病运转。

6）施工现场每月组织一次全面检查。检查内容包括：金属结构造缝有无变形和开裂；连接螺栓的紧固情况；安全装置、制动器、离合器等有无异常情况；吊钩、抓斗、钢丝绳、滑轮组、索具、吊具等有无损伤；配电线路、集电装置、配电盘、开关、控制器等有无异常情况；液压保护装置、管道连接是否正常；顶升机构、主要受力部件有无异常和损伤；轨道的安全状况等。停用一月以上的，使用前应做好上列检查。

4. 恶劣气候条件下施工机械设备的安全怎样保证？

答：管理人员协调维修人员进行设备检修和保养，并对设备做好保温、防风、防暴雨、防沙尘、防冻等处理。

（1）大风（沙尘）天气的不安全因素

1）对安全用电带来隐患；

2）大风天气对电焊、气焊作业带来不安全影响，最重要的是对施工吊篮的安全影响。

（2）应对措施

遇到刮风（沙尘）天气，停止一切户外吊篮作业，安全员确认工作环境和风力，对能否施工作出安全评价。工程管理人员加强现场管理，组织相关人员做好预防工作。

1）因大风而停止工作的现场应切断工作电源，及时检查并熄灭火源；

2）刮风（沙尘）天气，应提前关闭各种施工机具和设备，移动设备移至风力影响小的区域；塔吊等大型设备及时做好固定和吊臂节塔身与建筑物本体和周边牢靠设施的拉结工作，防止在大风影响下倾倒或部件受损破坏，防止塔身倾覆后吊臂危及周边建筑或设施；大风天气过后，施工前应对各种用电线路进行检查，确认后方可作业。

3）高温炎热天气。

① 高温炎热天气的不安全因素。a. 人员处于高温炎热环境工作易出现中暑等问题；b. 室外作业人员，出现注意力下降，时间过长易出现昏迷问题；c. 各种用电线路在高温环境下容易老化；五是高温炎热环境易引发火灾事故。

② 应对措施。安全员应做好高温条件下施工现场的安全预测和评价，加强对施工现场的巡查力度，监督高温防暑措施落实情况。a. 高温天气时应合理安排工作时间，室外露天作业避开高温时段；b. 在暑期到来时给作业人员发放防暑降温物品，露天施工场所要搭设遮阳棚和避暑休息区；c. 对室外设备、氧气、乙炔、配电箱等采取遮阳措施；d. 严格消防管理，定期检查更换消防灭火设施，确保消防设施安全可靠，严格易燃物品的使用和管理。定期组织教育，提高员工防火意识。

4）强降雨和连续降雨天气。

① 强降雨和连续降雨天气的不安全因素。a. 降雨天气严重影响室外作业，降雨时伴有雷电，易出现雷击触电事故；b. 强降水会出现施工现场，生产设施进水，发生小范围洪水危险；持续降水会导致设备、用电线路、材料受潮。

② 防范措施。进入雨季，安全部要掌握天气变化情况并及时通报，提前组织人员做好防范。降雨或雷电天气时应停止室外高空作业及吊装作业。a. 施工现场及生活区的排水系统要定期清理疏通，厂房、围墙、低洼处设置排水防洪沟，保证通畅；b. 各种用电线路、设备要定期检查，避免线路老化和破损现象，

做好防潮防水处理；遇暴风雨天气，要安排专业电工现场值班检查，必要时可切断电源，现场无人员工作时，应切断总电源；c. 机电设备采取防雨、防淹措施，可搭设防雨棚或用防雨布封存，机械安装地点要求略高，四周排水较好，定期检查接地装置是否可靠。

移动电闸箱的漏电保护装置要可靠灵敏，恶劣天气带来的不安全因素、隐患和季节性事故的预防，是安全生产的一项重点工作，要高度重视，精心筹划，落实安全生产责任制，依据现场实际，积极开展自查自纠工作。加强恶劣天气安全常识教育和季节性事故预防常识教育，提高员工自我防范意识。遇恶劣天气时领导要跟班作业并与安全员、遇恶劣天气要加强检查力度，坚决遏制因恶劣天气、季节性事故引发的不安全因素和隐患，确保各类施工机械和设备安全使用。

5. 施工起重设备管理制度主要包括哪些内容？

答：（1）起重作业人员必须身体健康，经检查无患高血压、心脏病、贫血、手脚残疾以及无视力、听力障碍，经过地方行政主管部门认定的培训机构培训，并取得特种作业人员操作证。

（2）从事起重作业时，必须确定作业项目负责人、指挥人员、起重机司机、司索工艺及必要的辅助人员，明确各自的职责和工作程序。

（3）遇大风、雷雨、雾、雪等恶劣天气火灾高压线、锅炉等特殊作业条件下应制定切实可行的安全防范措施。

（4）下列情况下不得进行起重作业：

1）6级及以上强风、暴雨、雷电天气等；

2）起重设备未经检测合格或超过检测合格有效期；

3）起吊悬具未经检验、检查合格，索具规格与吊起物件重量不匹配；

4）超载或被吊物重量、理化性质（特指危险化学品等）不清，吊拔埋件及斜拉斜吊或单钩起吊；

5）起重设备的结构或零部件有影响安全的缺陷或损伤：如制动器、安全装置失灵，吊钩螺母防松装置损坏，钢丝绳损伤达到报废标准，吊钩不安装防脱落装置等；

6）捆绑、吊挂不牢而可能滑动，重物棱角处与钢丝绳之间未加衬垫等；

7）被吊物体上有人或浮置物；

8）无法看清场地、被吊物情况和指挥信号等；

9）臂架、吊具、辅具、钢丝绳、缆风绳、重物等，与电力线路的最小距离应小于以下要求：1kV 以下线路至少为 1.5m；1kV～35kV 至少为 3m；35kV 以上至少为 5m（不含阴雨或潮湿天气）；

10）法律法规及标准规定的其他情况。

（5）起重作业时应遵守的其他要求。

1）不得使用极限位置的限制器停车；

2）不得在有荷载的情况下调整起升、变幅机构的制动器；

3）不得将被吊物从人的上空通过，吊臂下不得有人；

4）不得在起重设备工作时进行检查和维修作业；

5）不得未经试吊便起吊与设备额定荷载接近的重物；

6）有关法律、法规规定的其他要求。

（6）施工作业中现场人员应按照"两书一表"和安全操作规程进行安全检查。分公司（项目部）安全管理人员应对现场管理状况及作业过程进行进度抽查，发现违章现象和事故隐患应立即组织整改，防止起重过程发生伤害事件。

（7）起重作业安全要求。

1）起重作业人员在作业场地范围内必须按规定穿戴劳保防护用具。

2）起重指挥（司索）工安全要求；

a. 严格执行《起重吊运指挥信号》GB 5082 的规定，起重过程中必须与起重司机联络准确、熟练无误；

b. 吊挂时，吊挂绳之间的夹角宜小于120°，避免吊绳受力过大；

c. 绳、链索经过的棱角处应加衬垫；

d. 指挥物体翻转时，应使起重中心平稳变化，不应产生指挥意图之外的动作；

e. 进入悬挂重物下方时，应先与司机联系并设置支撑装置；

f. 多人捆挂时，应服从一人的统一指挥。

3）起重机司机的安全要求。

a. 服从起重指挥人员的统一指挥，发现不安全情况应及时通知指挥及相关人员；对于紧急停止信号，无论任何人发出，都必须立即执行；

b. 全面掌握所操纵的起重机的设备改造和技术性能；

c. 严格按起重机操作规程进行操作；

d. 起重机作业过程中及时观察作业环境周围的人、物等，避免发生磕碰等伤害事故。

4）两台以上吊车进行联合作业时，现场应制定作业计划和作业程序，明确专人统一进行指挥和监护。

5）拥有起重设备单位应建立起重设备档案，包括：起重机出厂技术文件、启用时间和位置、保养和检查试验记录、设备存在的隐患和问题及整改情况等。

6）若停运闲置超过时间，在重新启用前应进行检验和试运行，确认合格后方可继续投入使用。

6. 施工机械设备安全管理问题原因有哪些？

答：随着建筑业的发展，各类建筑机械使用日益增多，安全问题也越来越突出，这些安全问题主要是由以下原因造成：

（1）安全管理法律体系不健全。

（2）不能严格执行国家和行业规范性文件。

（3）安全监督存在多头管理。

（4）建筑机械操作人员管理不善。

（5）建筑机械技术档案不完善。

（6）机械设备施工现场管理不善。

（7）机械设备施工环境恶劣。

7. 施工作业人员的典型违章行为有哪些？

答：（1）进入施工现场不佩戴或不正确佩戴安全帽，安全监察人员未佩戴指定安全帽（红色）。

（2）作业时未按规定正确使用劳动保护用品（工作服、工作帽、手套、绝缘鞋）。

（3）任何情况或场合下坐安全帽的行为。

（4）从事机床、砂轮、焊接等有飞溅物作业时，不戴防护镜或防护面罩。操作角向磨光机不戴防护眼镜和防尘口罩。

（5）使用无齿锯时没紧固或未戴防护用品。

（6）在转动的无齿锯片上直接研磨物件（如焊工在转动的无齿锯片上研磨钨棒）。

（7）起重指挥人员作业时不使用口哨、指挥旗或对讲机。

（8）操作起重机械、电动设备（机具）、电焊机等工作完毕后，未把控制器拨至零位、未切断电源、未锁紧夹轨钳等就离开现场。

（9）无漏电保护器就使用手动电动工具。

（10）乙炔瓶、氧气瓶使用时未直立。

（11）乙炔表无防回火装置。

（12）乙炔瓶、氧气瓶之间未保持 8m 以上的距离。气瓶与火源之间未保持 10m 以上的距离。

（13）起重机械、施工电梯、上料提升架等机械的制动、限位、联锁及保护等不齐全或失灵仍继续操作。

（14）从事特殊工种作业未持证上岗。

（15）用氧气作通风及吹扫气源。

（16）将电源线钩挂在刀闸、开关或直接插入插座上使用。

（17）机械、机床、台钻等转动设备的传动轴、转动带、齿轮、皮带轮等无保护罩就使用。

（18）承重的钢丝绳与物体棱角直接接触时，未在棱角处垫半圆管及半圆管未作防脱的绑扎。起吊大件物体或不规则物体时未拴溜绳。

（19）倒链（手动葫芦）的挂钩或吊钩直接钩挂在物体或结构上使用，或是将双链改成单链使用，或是用起重链直接缠绕起吊物件。

（20）电工对电源的接线、布线未执行三项五线制。

（21）工作零线与保护零线混用。

（22）电气设备未作可靠的保护零线接地。

（23）施工电源的敷设、布置与金属结构或脚手架未采取绝缘、隔离措施。

（24）操作机床、电钻等转动设备时戴手套。

（25）焊工对电焊机二次线的破裂、裸露和接头松动不处理就使用或不停电就处理。

（26）电焊机 1、2 次线布置混乱，不符合规范要求或影响文明施工。

（27）电焊机集装箱内存有杂物或易燃物，影响电焊机正常使用及文明施工。

（28）特殊危险作业工序未办理安全施工作业证或未按安全施工作业的防护措施执行。

（29）使用电焊作为割炬使用。

（30）氧气和乙炔带子混用，与减压表接口不使用正式卡子。

第八节　建立机械设备的统计台账

1. 怎样建立机械设备运行基础数据统计台账？

答：机械台账是掌握企业机械资产状况，反映企业各类机械拥有量、机械分部及变动情况的主要依据，它以《机械分类及编号目录》为依据，按类组代号分页，按机械编号顺序排列，其内容主要是机械的静态情况，由企业机械管理部门建立和管理，作

为掌握机械基本情况的基础资料。它的基础数据有如下几类:

(1) 机械原始记录

1) 机械原始记录分类,它共包括以下两种:①机械使用记录,是施工机械运转的记录。由驾驶操作人员填写,月末上报机械管理部门。②汽车使用记录,是运输车辆的原始记录。由操作人员填写,月末上报机械管理部门。

2) 机械原始记录的填写,应符合下列要求:①机械原始记录均应按规定的表格统计和规范填写,不得自行其道,这样不仅便于机械的统计也可避免造成混乱。②要求驾驶人员按实际工作小时填写,做到准确及时完整、不得有虚假,机械运转工作时按实际运转工时填写。③机械驾驶人员的原始记录填写好坏,与奖励制度结合起来,作为评奖条件之一。

(2) 机械统计报表的种类

1) 机械使用情况月报,本表为反映机械使用情况的报表,由机械管理部门根据机械使用情况原始记录按月汇总统计上报。

2) 施工单位机械设备,实有及利用情况(季、年报表)。

3) 机械技术装备情况(年报),是反映各单位机械化装备程度的综合考核指标。

4) 机械保修情况(月、季、年)报表,本表为反映机械保修性能情况的报表,由机械管理部门每月汇总上报。

(3) 对统计报表的基本要求

1) 统计报表要求做到准确、及时和完整,不得马虎草率,数字经得起检查分析不得有水分。

2) 规定的报表式样、统计范围、统计目录、计算方法和报送期限等都必须认真执行,不能自行修改和删减。

3) 在逐步建立统计分析制度的基础上,通过统计分析资料,可以进一步指导生产,为生产服务。

4) 进一步提高计算机网络技术设备在机械设备管理中的应用。

2. 怎样建立机械设备能耗定额数据统计台账?

答:根据企业或项目机械设备运行基础数据统计台账,依据机械设备的分类情况,将电动类和燃油(燃气)类机械设备依据基础数据统计台账的顺序,逐一在查阅设备档案(产品出厂检验合格证、产品说明书、产品名牌),将各类设备中各个设备的能耗指标逐一进行统计,按类汇总,得出不同能耗指标的统计台账中所需的数据,以便于企业管理部门在机械设备管理中对机械设备进行调配,以及在制定所需燃料消耗计划和成本核算时参考。

第九节　进行施工机械设备成本核算

1. 怎样做好大型机械的使用费单机核算?

答:建设工程项目部拥有大、中型机械设备 10 台以上,或按能耗计量规定单台能耗超过规定者,均应开展单机核算工作,无专人操作的中小型机械,也可以机械单机核算,以提高经济效益。

(1) 单机核算的内容与方法

1) 单机选型核算。一般核算完成年产量、燃油消耗等,因为这两项是经济指标中的主要指标。

2) 单机核算台账。它是一种费用核算,一般按机械使用期内实际收入金额与机械使用期内实际支出的各项费用的比较,考核单机的经济效益如何,是节约还是超支。

3) 核算期间。一般每月进行一次,如有困难也可每季进行一次,每次核算的结果定期向公众公布,以激发群众的积极性。

4) 进行核算分析。通过核算资料的分析,找出节约与超支的原因,提出解决问题的具体措施,以不断地提高机械使用中的经济效益,分析资料应与核算同时公布。

(2) 核算单位的机械、施工、财务、材料、人事等部门密切配合,提供有关资料。

（3）核算时应做好的工作。

1）要有一套完整的先进的技术经济定额，作为核算依据。

2）要有健全的原始记录，要求准确、齐全、及时，同时要统一格式、内容及传递方式。

3）要有严格的物资领用制度，材料、油料发放时做到计量准确，供应及时，记录齐全。

4）要有明确的单机原始资料的传递速度。

（4）奖罚规定。

1）通过核算，对于经济效益显著的机动车驾驶员，除精神奖励外，应给予适当的物质奖励。

2）对于经济效果差，长期完不成指标而亏损的机动车司机，除帮助分析客观原因，并指出主观上存在的问题，定出改进措施，如仍无扭转，应予批评或罚款。

2. 怎样做好中小型机械的使用费班组核算？

答：机械使用费是指施工过程中使用的各种施工机械发生的中小型维修费、机械租赁费、大型机械进退场费、燃料费以及机械操作人员工资。电费并入其他直接费核算。

（1）机械租赁费的结算计算

项目使用的各种机械均是从专业机械租赁单位租用，各专业机械租赁单位依据赁合同、租赁台班和台班单价按月结算租赁费。

（2）账务处理

1）支付租赁费时，根据机械租赁结算单、收据（或发票）作账，借：工程施工——机械使用费；贷：内部存款或内部往来。

2）支付中小型机械修理费，根据修理费发票或机械配件领用报表作账，借：工程施工——机械使用费；贷：内部存款或内部往来；库存材料——机械配件。

3）机械操作人员工资分配，根据工资分配单账，借：工程施工——机械使用费；贷：应付工资。

3. 怎样做好机械设备成本的经济核算？

答：（1）项目必须重视机械设备使用成本管理、控制及核算工作。应定期统计设备使用费的数据，通过数据分析，对设备使用成本与责任成本进行比对工作。对机械设备使用的合理性、利用率、能源消耗率等指标进行分析，发现异常情况时要查找原因并及时采取纠偏措施。建立各项经济考核指标，包括设备完好率、利用率和机械效率。同时要建立考核制度，包括目标考核、责任考核和成本考核。

（2）机械设备的经济核算是衡量机械管理工作效果的主要依据。设备的优化配置和合理使用是经济核算的基础，机械设备的管理水平须通过经济指标来反映。设备的经营管理成果，最终要通过经济核算，从经济效益上得到体现。加强机械设备的经济核算，可以降低设备使用成本，提高设备使用效率，为项目创造更大的经济效益。

第十节 编制、收集、整理施工机械设备资料

1. 怎样做好机械设备资料的保存和归档工作？

答：机械设备资料的保存和归档工作的主要内容如下：

（1）机械设备的质量证明书、产品合格证、使用说明书、操作使用手册、保修单据、购置发票、保险单据等合格证明文件是机械设备的基础性档案。

（2）根据机械设备的归属和日常管理以及施工企业的管理制度，必须对上述机械设备的资料妥善保存、整理和存档。

（3）为了防止丢失和损毁带来的不必要的麻烦，可能情况下，可根据机械设备的种类和编号按照机械设备台账的内容顺序，将各台机械或设备的文档扫描后留作电子文档，为了使电子文档更为可靠长久保管可用专门移动硬盘存储，并妥善保管好移

动硬盘。

2. 文明安全施工机械安全资料内容有哪些?

答：(1) 施工现场机械安全管理办法；

(2) 机械租赁合同；要求：要有双方的签字、盖章、日期等；

(3) 安全管理协议书；要求：要有双方的签字、盖章、日期等；

(4) 拆装合同书；

(5) 设备出租单位、起重设备安拆单位等的资质证书资料复印件，市建委的设备统一编号；

(6) 机械设备平面布置图；要求：要与施工现场相符合；

(7) 总包单位与机械出租单位共同对塔机组、外用电梯机组、电动吊篮操作者和安装人员的联合安全技术交底；

(8) 大型设备安拆施工方案；要求：要有编制人、审批人、审批表、审批部门意见和签字盖章；

(9) 群塔作业安全方案；要求：要有编制人、审批人、审批表、审批部门意见和签字盖章；

(10) 塔吊安装、顶升、拆除、验收记录（八张表）；

(11) 外用电梯安装验收记录（六张表）；

(12) 电动吊篮的验收表；

(13) 中小型设备进场验收表或记录；

(14) 现场设备台账；

(15) 各类设备安全技术操作规程和岗位责任制；

(16) 安全操作技术交底；要求：交底人、被交底人签字，交底日期等；

(17) 机械操作人员及起重吊装人员持证上岗记录及复印件；

(18) 自检及月检记录和设备运转履历书；要求：时间、组织人、参加检查人员、查出的问题、问题的整改要求、整改负责人及期限、整改后复查记录；

(19) 职工应知应会考核情况和样卷。

3. 施工机械的技术档案包括哪些内容?

答:(1)机械技术档案是指机械自购入(或自制)开始直到报废为止整个过程中的历史技术资料,能系统地反映机械物质形态运动的变化情况,是机械管理不可缺少的基础工作和科学依据,应由专人负责管理。

(2)机械技术档案由企业机械管理部门建立和管理,其主要任务是:

1)机械随机技术文件,包括:使用保养维修说明书、出厂合格证、零件装配图册,随机附属装配资料、工具和备品明细表,配件目录等;

2)新增(自制)或调入的批准文件;

3)安装验收和技术试验记录;

4)改装、改造的批准文件和图纸资料;

5)送修前的检测鉴定、大修进厂的技术鉴定、出厂检验记录及修理内容等有关技术资料;

6)事故报告单、事故分析及处理等有关记录;

7)机械报废技术鉴定记录;

8)机械交接清单;

9)其他属于本机的有关技术资料。

(3)A、B类机械设备使用同时必须建立设备使用登记书,主要记录设备使用情况和交接班情况,由机长记录。应建立设备登记书的设备有:塔式起重机、混凝土搅拌站(楼)、混凝土输送泵、外用施工电梯等。

(4)公司机械管理部门负责A、B类机械设备的申请、验收、使用、维修、租赁、安全、报废等管理工作。做好统一编号、统一标识。

(5)机械设备的台账和卡片是反映机械设备分布情况的原始记录,应建立专门账、卡档案,达到账、卡、物三项符合。

(6)各部门应指定专门人员对所使用的机械设备的技术档案

管理，做好编目归档工作，办理相关技术档案的整理、复制、翻阅和借阅工作，并及时为生产提供设备的技术性能依据。

（7）已批准报废的机械设备，其技术档案和使用登记书等均应保管，定期编制销毁。

（8）机械履历书是一种单机档案形式，由机械使用的单位建立管理，作为掌握机械使用情况，进行科学管理的依据，其主要内容有：

1）试运转及走合期记录；

2）运转台数、产量和消耗记录；

3）保养、修理记录；

4）主要机件及轮胎更换记录；

5）机长更换记录；

6）检查、评比及奖惩记录；

7）事故记录。

参考文献

[1] 中华人民共和国国家标准. 建筑工程项目管理规范 GB/T 50326—2006 [S]. 北京：中国建筑工业出版社，2006.

[2] 中华人民共和国国家标准. 建筑工程监理规范 GB/T 50319—2000 [S]. 北京：中国建筑工业出版社，2001.

[3] 中华人民共和国国家标准. 建设工程文件归档整理规范 GB 50328—2001 [S]. 北京：中国建筑工业出版社，2002.

[4] 中华人民共和国国家标准. 房屋建筑制图统一标准 GB/T 50010—2010 [S]. 北京：中国计划出版社，2011.

[5] 中华人民共和国国家标准. 建筑给水排水制图标准 GB/T 50106—2010 [S]. 北京：中国建筑工业出版社，2010.

[6] 中华人民共和国国家标准. 暖通空调制图标准 GB/T 50114—2010 [S]. 北京：中国建筑工业出版社，2011.

[7] 中华人民共和国国家标准. 民用建筑设计通则 GB 50352—2005 [S]. 北京：中国建筑工业出版社，2005.

[8] 住房和城乡建设部人事司. 建筑与市政工程施工现场专业人员考核评价大纲（试行）[M]. 北京：中国建筑工业出版社，2012.

[9] 王文睿. 手把手教你当好甲方代表 [M]. 北京：中国建筑工业出版社，2013.

[10] 潘全祥. 怎样当好水暖工长 [M]. 北京：中国建筑工业出版社，209（第二版）.

[11] 王树和. 施工员·设备安装 [M]. 北京：中国电力出版社，2014.

[12] 王文睿. 手把手教你当好土建质量员 [M]. 北京：中国建筑工业出版社，2015.

[13] 王文睿. 建设工程项目管理 [M]. 北京：中国建筑工业出版社，2014.

[14] 刘淑华. 手把手教你当好设备安装施工员 [M]. 北京：中国建筑工

业出版社，2015.

[15] 洪树生. 建筑施工技术 [M]. 北京：科学出版社，2007.

[16] 中国建设教育学会. 质量专业管理实务 [M]. 北京：中国建筑工业出版社，2008.